台风雨带致灾风暴演变特征和机理

王炳赟　魏　鸣　郑佳锋　吴　翀　程志刚　著

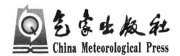

气象出版社
China Meteorological Press

内容简介

台风系统及其诸多子系统的发生发展机制和分析预报理论及方法一直都是大气科学学科中最受关注的领域之一。台风系统由台风眼、眼壁(云壁)和外围螺旋雨带组成,而眼壁和外围螺旋雨带又由多个强对流系统组成且是台风致灾影响的重要展现部分。本书通过对2015年晚秋登陆中国的少有的强台风"彩虹"致灾性螺旋雨带内的中尺度系统的分析和研究,为台风外围螺旋雨带的分布机理、强对流单体内强度参数的演变特征、中气旋内钩状回波演化特征和形成机理进一步提供了可能的解释和归因,给出了可供参考的更为精细的相关参数和指标。Rankine涡旋模型可以解释远离台风中心出现强风区和强的螺旋雨带的机理,从而进一步验证了Rankine涡旋模型的普适性。速度谱宽在强对流风暴阶段—超级单体阶段—龙卷阶段发生发展中有先兆预示意义,对提前发现强对流的发展提供了演变预警作用。通过实际个例验证了北半球东风带和西风带内超级单体中钩状回波的演变模型的适用性。本书可供从事台风预报与研究的气象工作者,高等院校大气科学类、大气探测类等专业的师生作为参考用书。

图书在版编目(CIP)数据

台风雨带致灾风暴演变特征和机理 / 王炳赟等著
. — 北京:气象出版社,2021.3
ISBN 978-7-5029-7339-1

Ⅰ.①台⋯ Ⅱ.①王⋯ Ⅲ.①台风灾害-研究 Ⅳ.
①P425.6

中国版本图书馆 CIP 数据核字(2020)第 237106 号

台风雨带致灾风暴演变特征和机理

Taifeng Yudai Zhizai Fengbao Yanbian Tezheng he Jili

出版发行:气象出版社

地 址:北京市海淀区中关村南大街 46 号		**邮政编码**:100081	
电 话:010-68407112(总编室) 010-68408042(发行部)			
网 址:http://www.qxcbs.com		**E-mail**:qxcbs@cma.gov.cn	
责任编辑:张锐锐 刘瑞婷		**终 审**:吴晓鹏	
责任校对:张硕杰		**责任技编**:赵相宁	

封面设计:刀 刀
印 刷:北京中石油彩色印刷有限责任公司
开 本:787 mm×1092 mm 1/16   **印 张**:6.25
字 数:155 千字
版 次:2021 年 3 月第 1 版   **印 次**:2021 年 3 月第 1 次印刷
定 价:40.00 元

前　言

　　2020 年 10 月 12 日,联合国防灾减灾署(UNDRR)为纪念"国际减灾日"(10 月 13 日),发布了《2000—2019 年灾害造成的人类损失》报告。通过对比 1980—1999 年与 2000—2019 年的自然灾害造成的人类损失,进一步证实了极端天气事件已经主导 21 世纪的灾难格局。其中,因风暴所造成的灾害事件为第二大自然灾害事件,仅次于洪涝灾害事件,发生次数由 20 世纪后 20 年的 1457 次增加为 21 世纪前 20 年的 2043 次,增长率为 28.7%。台风作为地球上最大的风暴系统,具有巨大的能量和威力,并且登陆的台风往往是致灾严重的极端灾害天气系统之一。台风系统由台风眼、眼壁(云壁)和外围螺旋雨带组成,而眼壁和外围螺旋雨带是由诸多强对流子风暴系统组成且是台风致灾影响的重要展现部分。台风系统及其诸多子风暴系统的发生发展机制和分析预报理论及方法一直都是大气科学学科中最受关注的领域之一。

　　本书以 2015 年晚秋少有的登陆中国广东湛江的 1522 号强台风"彩虹"致灾性螺旋雨带内的诸多子风暴系统为分析和研究目标,通过分析台风外围致灾强螺旋雨带的时空分布,指出 Rankine 涡旋模型的空间分布结构可以来解释远离台风中心出现强风暴对流区和强的螺旋雨带的机理。通过分析多普勒雷达的速度谱宽在强对流风暴阶段—超级单体阶段—龙卷阶段发生发展的变化特征,指出了雷达谱宽对提前发现强对流的发展演变的先兆信息和预警作用,并建立了强对流风暴不同发展阶段速度谱宽值演变对强对流风暴单体指示作用的概念模型。根据空气动力学和伯努利能量守恒方程,进一步精细地推导分析了在同一高度层上运动的中气旋的受力作用情况,从而完善了超级单体内的钩状回波形成机理,且通过实际个例验证了北半球东风带和西风带内超级单体中钩状回波的演变模型的适用性。

　　全书一共分为六章。第 1 章从台风结构研究出发,综述了台风外围螺旋雨带及(其内)超级单体演变主要研究成果,回顾了该领域的观测技术发展及研究进展,总结了以往台风结构研究的范围和参数、超级单体相关参数指标和演变特征分析的方法,并指出已有研究中尚存在的不足及缺失,进而陈述了研究动机与目标。第 2 章以 1522"彩虹"强台风生消过程为主要分析目标,详细分析了大气环流背景,对比分析了海温场、大气背景场和地月引力的影响及影响局地强对流发展的激发条件。第 3 章通过分析 1522"彩虹"台风外围螺旋雨带中强回波带和切向最大风速的位置,指出和检验了 Rankine 模型的普适性;对远离台风中心的致灾性强对流单体内的中气旋特征进行了统计分析。第 4 章进一步以外围螺旋雨带中衍生龙卷的超级单体的谱宽和速度演变特征进行了分析,指出了局地谱宽在强对流发展中的可能的规律和指示作用。第 5 章进一步分析了以外围螺旋雨带的回波结构演变和衍生龙卷的超级单体的回波结构演变特征,推导了钩状回波可能的形成机理。第 6 章归纳总结了全书研究的主要内容,并针对研究中的不足和未来的研究方向进行了讨论和展望。

　　本书撰写过程中,南京大学葛文忠教授,国防科技大学黄思训教授,南京信息工程大学张培昌教授、顾松山教授、王振会教授、银燕教授、黄兴友教授、曹念文教授,成都信息工程大学欧阳首承教授、王式功教授、张杰研究员、朱克云教授、范广洲教授、张宇教授等给予了热心的指导和帮助;中国气象局气象科学研究院灾害天气国家重点实验室刘黎平研究员课题组在多普勒雷达资料收集和可视化处理给予了热心帮助和支持;海南省气象局气象台吴俞研究员在中尺度系统可视化给予的指导和帮助;广东省气象局气象台陈超高工帮助收集了广东地区同期的观测数据,湛江市气象局黄先伦高工在天气分析方面给予了意见;气象出版社诸位编辑在设计和排版给予了热心细致的指导,还有其他学者和同仁给予的多方面帮助和支持;成都信息工程大学大气科学学院气象台和南京信息工程大学气象台提供了气象数据;在此一并表示衷心的感谢。

本书中引用了中国气象局、美国国家海洋和大气管理局、日本气象厅、香港天文台、上海台风所、国营七八四厂等多家单位的软件、算法和数据资料及诸位学者同仁的已有的公开研究成果作为旁证,在此一并表示衷心感谢。

本书的出版得到了国家自然科学基金项目(41675029)"双偏振雷达探测降水演变的灵敏性的散射机理研究"和江苏高校品牌专业建设工程资助项目(PPZY2015A016)、国家重点研发计划"龙卷风探测雷达研制及业务化应用研究"项目(2018YFC1506100)、国家自然科学基金项目(41971026)"三江源冬半年积雪形成机理及未来变化趋势预估研究"和国家电网有限公司总部科技项目(521999180006)"微地形、微气象电网覆冰数值预测技术研究"的共同资助和支持。

本书着重介绍了台风螺旋雨带形成机理和其内的致灾性子风暴系统中的中气旋和龙卷等基本特征和形成机理,因此可作为大气科学类、大气探测类等专业的基础学习或相关研究的参考书目。由于学识水平有限,在本书撰写过程中肯定存在不足之处,因此谬误在所难免,敬请读者批评指正。

作者

2020 年 12 月

目　录

第 1 章

绪论

台风是生成在热带海洋上的强烈风暴,从本质上看,它是出现在热带海洋上的一种天气尺度的有组织的伴有强烈对流过程的低压涡旋系统。当这种天气尺度(水平尺度约 1000～3000 km,生命史约 1～3 天)强对流系统移近或登陆后,往往给所经之地在带来丰沛的降水的同时也带来一定强度的灾害,严重的可酿成巨灾(陈联寿等,1979)。就全球而言,台风主要在南北纬 5°～25°区域生成(图 1-1),平均数量每年 80 个左右。主要区域有西北太平洋(包括南海),平均约 30 个/年,占全球总数的 38%;东北太平洋约 14 个/年,占全球总数的 17%;北大西洋(包括加勒比海和墨西哥湾)约 9 个/年;孟加拉湾和阿拉伯海约 5 个/年;西南印度洋约 8 个/年;东南印度洋和南太平洋约 7 个/年。其中北半球发生的台风占全球总数的 73%。北太平洋是台风发生最多的海域,占全球台风总数的一半以上,该海域台风的强度之强也是全球之冠。而我国地处北太平洋中西部,因此也是受台风影响比较严重的国家之一。

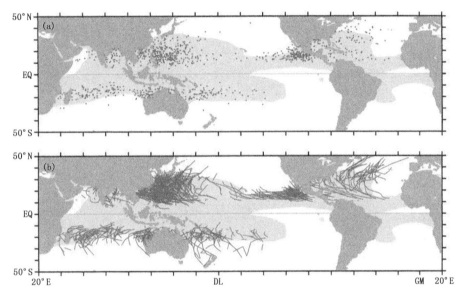

图 1-1　Legates 等(1990)对 1970—1989 年热带气旋的发生位置和轨迹与全球表面温度的分析
(承蒙华盛顿大学的 T. Mitchell 提供)
(a)飓风风强超过 32 m/s 时的第一天定位(b)飓风的路径,海洋的阴影区域是以北半球的 8 月份和
南半球的 2 月份为代表的夏季海温超过 26.5℃的区域(Houze,2010)

台风系统所具有的强大能量主要通过台风眼外的云墙(眼壁)和螺旋雨带内的强对流过程展现出来。台风眼的尺度一般约 20～50 km。云墙区宽度一般约 20～30 km,云墙附近是台风风暴潮最激烈的地方,此处通常出现台风系统内的最大降水和最大风力,且该地区对流活动的凝结潜热对台风暖心的形成有重要作用(图 1-2)。螺旋雨带的分布在距离台风中心的 80～1000 km 范围,该区域内螺旋雨带的宽度一般与到台风中心的距离成反比。在螺旋雨带中有显著的上升运动,对流活动旺盛,是台风系统内部热量垂直输送和位能转换为动能的主要区域。

螺旋雨带是台风内的一种底层辐合的中尺度系统,其内有许多不同生命史的对流单体构成,其所经之处往往造成大的降水和灾害性天气,但因其分布的不均匀和影响范围广,带来的灾害常常很难像台风中心那样能够比较准确预测。如 2015 年 10 月 3 日 08 时—6 日 08 时(北京时间)超强台风"彩虹"移动发展过程中,其外围螺旋雨带的对流系统演变包含了大量强对流

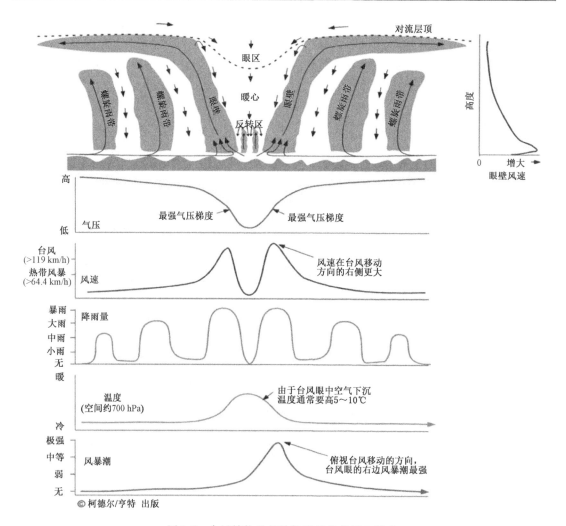

图 1-2　台风结构及相关物理量分布概念模型

单体,给所经之处带来了龙卷及强对流天气,造成了一定的人员伤亡和经济损失。据香港天文台援引媒体报道统计,台风"彩虹"过境广东和广西期间,两省(区)受灾人员最少有 460 万,受损房屋约 8500 多间,直接经济损失逾 120 亿元人民币。在台风"彩虹"的外围螺旋雨带影响下,佛山顺德和广州番禺出现陆龙卷,多处房屋被摧毁,车辆被吹翻,至少 6 人死亡,受伤人数超过 200 人。

雷达因为具有相对精细的单位监测尺度和时效,是目前探测强灾害性天气和降水系统的主要手段之一(张培昌等,2001)。多普勒天气雷达与常规天气雷达的主要区别在于其可以测量目标物沿着雷达径向的速度,从而大大加强了天气雷达对各种天气系统特别是强对流天气系统的识别和预警能力(俞小鼎,2006)。

因此,伴随着高精度的探测仪器和相关模拟技术的发展,对于致灾性天气过程的实时监测越来越完善,其中的相关物理机理也正在进一步深化明晰。利用多普勒雷达等相对精细的探测手段加强对台风外围螺旋雨带内的演变特征和相关机理的研究,对于丰富和探究台风外围致灾性天气过程的发生发展,为促进理解台风外围螺旋雨带中强对流单体、超强单体(中气旋)、龙卷等的演变特征和形成机理及防灾减灾提供参考依据。

1.1　国内外研究进展

　　近 40 年来,大气探测仪器发展特别是多普勒雷达的出现使得强对流天气过程的研究能够从观测反演的速度、谱宽、反射率、风暴结构和风切变等多方面进一步细致刻画和总结(Donaldson,1970;Stumpf 等,1998)。国内外学者对台风外围螺旋雨带演变及其内的强对流系统、中气旋和龙卷等衍生机理进行了研究。

1.1.1　螺旋雨带

　　1. 雷达资料反演分析方面

　　赵坤等(2007)对“派比安”台风(0606)螺旋雨带的回波结构和中尺度风场进行了分析,指出雨带在成熟时期的气流结构呈明显的三维特征,海陆摩擦差异和雨带上、下游同以台风中心为圆心的圆周切线间夹角不同,两者是造成雨带上、下游气流结构差异的原因。周海光(2010)对“韦帕”台风的两条螺旋雨带进行了双雷达三维风场反演,并综合利用组网雷达拼图数据等资料,分析了螺旋雨带的三维精细结构。

　　2. 动力热力转化机制方面

　　Eastin 等(2009)分析了机载多普勒雷达观测的“伊万”(Ivan)飓风外雨带里镶嵌的三个微型涡旋结构,指出动力辐合、热力不稳定和切变产生的垂直扰动气压梯度的共同作用导致了强上升气流。中气旋的产生很大程度上是由于强上升气流的倾斜和随后的水平涡度的垂直拉伸。Benjamin 等(2011)分析了 2005 年 Katrina 外围雨带的一个带龙卷的超级单体,沿着海岸登陆之前加强并催生了龙卷风,揭示了斜压边界增强低层水平涡度,随后通过单体内旋转加强上升气流,并指出登陆后不久龙卷的单体迅速减弱,显示存在一个狭窄的沿海岸线的有利于生成龙卷的切变和浮力的带状区域。Todd 等(2013)使用双多普勒雷达详细分析了超级龙卷“星期二”爆发时两个龙卷风级的超级单体风暴的低层涡旋、上升气流的强度和位置、扰动压力和垂直压力梯度等,发现最大上升气流在很低的 3 km 高度上,后侧内的弱气压导致一个不存在的后侧下沉气流。

　　3. 数值模拟方面

　　Glen 等(2006)对 1995 年 Opal 飓风的小尺度内螺旋带特征进行了数值模拟,指出,对于观察确定的外围螺旋雨带,Kelvin-Helmholtz(开尔文-亥姆霍兹)不稳定结合边界层切变是眼墙外围雨带生成、传播和维持的主要可能动力机制。Charmaine 等(2006)采用了带有清楚的云微物理过程的高分辨率的热带气旋模型来解释热带气旋雨带的动力和热力机制,指出,涡度的主要来源是系统生成的水平涡度向上倾斜的非绝热加热梯度,雨带的层状区域加热廓线产生了穿过 0℃层的气旋性 PV,产生了中层的急流。王勇等(2008)、丁治英等(2009)对“海棠”台风(0505)登陆前后的雨带变化和结构进行分析和模拟试验,指出主雨带是涡旋 Rossby(罗斯贝)波激发的螺旋雨带,次雨带发展主要与台风中心附近的阶梯状相当位温锋区有关;雨带断裂不仅与地形有关,而且与高层台风环流和中纬度系统的相互作用有关。Li 等(2012)对热带气旋内外螺旋雨带进行模拟比较研究,指出内雨带具有对流耦合涡旋罗斯贝波的特征。外雨带的运动与平低层风矢量有关,外雨带的对流单体是典型的对流系统,呈气旋性运动,大

(小)半径径向向外(内)。

1.1.2　超级单体及伴生龙卷

超级单体作为强对流系统中单体发展的最强特征,通常被定义为一个具有垂直速度和垂直涡度正(或负)且相关性较明显、持续时间较长和垂直高度深厚的中尺度气旋(或反气旋)(Weisman 等,1984)。

1. 超级单体个例分析方面

Kennedy 等(1993)对一个回波顶高在 6.7 km 以下,且以 25 dBZ 回波等值线来定义的风暴直径仅 15 km 的母雷暴的单多普勒雷达观测发现,尽管其体型很小,视觉和雷达观测都显示出了该风暴包含了多个有组织的、足够大的、典型的西南大平原的超级单体。此风暴发生的天气背景并不是有利于超级单体发展的典型环境,热力不稳定和垂直风切变的量级都是有限的,展现了在一个非威胁性环境场中发展起来的在雷达场上看似无关紧要(不连续)携带龙卷的单体风暴,显示了基于恶劣天气监测算法的自动雷达观测所面临的挑战。Thompson 等(2003)仅通过使用雷达最低的两层仰角设置了 30 min 的最小时间和最小方位角切变阈值 0.002 s^{-1}(用速度数据的 1 km 分辨率)的标准来区分单体是否为超级单体,还增加了所需要的右移超级单体中存在的如钩状回波和入流缺口等反射率特征,再现了旋转性、深度和持续时间作为超级单体的主要特征。采用 CReSS 模式对观察到的超级单体特征进行了模拟,揭示了其形成机制的热力动力特征。伍志方等(2004)将多普勒速度和反射率因子及其导出产品特征进行分型,详细描述了各种类型多普勒速度特征的特点和分类方法,指出,中气旋特征和弓形、钩状等特殊形状回波是短时暴雨或大暴雨、冰雹、灾害性大风等强烈天气的重要标志。郑媛媛等(2004)利用位于安徽合肥的 S 波段多普勒天气雷达资料,对皖北地区的一次典型的超级单体风暴过程进行了详细的分析。此次超级单体南边出现两条明显的出流边界,一条位于钩状回波的西南,一条位于钩状回波的东南。超级单体左前方的低层反射率因子呈现明显的倒"V"字形结构,这也是超级单体风暴的典型特征之一。沿入流方向穿过最强回波位置的反射率因子垂直剖面呈现出典型的有界弱回波区(穹隆)、强大的回波悬垂和有界弱回波区左侧的回波墙。最大的回波强度出现在沿着回波墙的一个竖直的狭长区域,其值超过 70 dBZ。相应的中低层径向速度图呈现一个强烈的中气旋,旋转速度达到 22 m/s。风暴顶为强烈辐散,正负速度差值达 63 m/s。俞小鼎等(2006)对 2003 年 7 月发生在安徽无为县的强烈龙卷过程进行了详细的分析,指出了天气背景是江淮梅雨期暴雨的天气形势,低层垂直风切变很大并且抬升凝结高度较低,有利于强龙卷的产生。龙卷产生自该系统南端的一个超级单体。姚叶青等(2007)通过分析两次强龙卷过程的环境背景场和雷达资料进行了对比分析,指出,雷达导出产品中的中气旋识别产品对强对流天气的监测有重要的应用价值,雷达超前于龙卷发生约半小时识别出中气旋,这对龙卷的预警非常有意义。俞小鼎等(2008)对在安徽北部的伴随强烈龙卷和暴雨的强降水超级单体风暴的环境条件和回波结构演变特征进行了详细分析,指出,中等程度的对流有效位能值和大的深层垂直风切变有利于超级单体风暴的产生,而大的低层垂直风切变、低的抬升凝结高度和地面阵风锋的存在有利于 F2 级以上强龙卷的产生。该超级单体的演化可以归结为"带状回波—典型强降水超级单体—弓形回波"三个阶段。在典型强降水超级单体阶段,雨带南端单体逐渐与中间单体合并,构成一个庞大深厚的强降水超级单体和被包裹在其中的直径 12 km 左右、深厚强烈的中气旋。然后由于后侧入流的开始出现,低层回波形态层演变为"S"形,而中层回波呈现为螺旋形。龙卷出现在"S"形回波阶段,在龙卷出现前,有一个龙卷涡旋特征 TVS 出现在中气旋的中心,其对应的垂直涡度值估计为 0.06 s^{-1}。French 等(2008)采用地基和移动两部雷达对周期性产生中气旋的一个超级单体进行观测,收集了该超级单体快速更替衍生中气旋阶段和相对较慢的衍生龙卷阶段的雷达数据,分析发现,大多数最终消散的涡旋环流移向风暴运动的后方,并均位于逐步远离的后侧方出流区。形成龙卷的涡旋环流几乎不动地靠近超级单体的后部。中尺度涡旋环流的平均直径约 1~4 km,生命史约 10~30 min。他指出,最大径向风切变的变化并不是涡旋消散的可信指标。两个雷达的各自径向速度被用来评估衍生龙卷前阶段的涡旋环流和龙卷阶段的涡旋环流之间的差异。当中气旋涡旋更替变慢和龙卷开始衍生时,单体后侧的单体出流明显增加。龙卷环流形成前的涡旋环流背后缺少有组织的出流时,其大的单体相对入流可能是平流输送的。后侧方强流出的发展可以平衡强的流入,从而让龙卷涡旋保留在富含垂直涡度生成区。Bluestein(2009)对一个强大的龙卷风进行了分析,指出对流单体在衍生一个大的长时间持续的龙卷之前 30 min 就已经周期性地衍生多个规模较小的龙卷,并且为了准确预测强灾害性天气的地点和时间,必须做好干线附近(或东部)的独立对流单体本地化模型。风暴经历了多次的分裂和再分裂、沿着已有单体右后侧翼生长的新单体及周期性循环产生的小龙卷随后到单一大的长距离持续的龙卷。单体形成的初始条件的敏感性和单体演化的不确定性造成很难精确预报对流单体。周小刚等(2012)引入中气旋核的逾量旋转动能概念(ERKF),结合中气旋算法和速度产品,分析了龙卷和非龙卷中气旋个例维持期间 ERKF 值的演变特征,并计算了一些超级单体风暴个例的中气旋初始的 ERKF 及其权重高度值。张一平等(2012)对河南两次龙卷过程分析发现,中尺度气旋系列先后经历了三维相关切变、中气旋、龙卷涡旋特征的演变过程。中气旋提前于龙卷发生前 0.5~1 h 出现,并对中气旋和龙卷涡旋特征参数分析,对估计和预警龙卷很有意义。朱君鉴等(2005)、方翀等(2007)、冯晋勤等(2010)都对 CINRAD/SA 中尺度产品与强对流天气进行了统计分析,并得到了有意义的结果。Houser 等(2015)利用一个移动的快速扫描的 X 波段的双极化多普勒雷达,分析 2011 年 5 月 24 日发生在俄克拉荷马州一个衍生了两个龙卷的超级单体中第一个 EF3 龙卷从加强到消亡和随后为 EF5 级的第二个龙卷的产生和强化进行了描述,检查带有龙卷时的超级单体涡旋的时空演变特征。研究还发现,在两个龙卷的转化阶段,两个中气旋存在,但是两个龙卷和两个中气旋的演变方式没有与任何概念模型相匹配,尽管可能某些方面与经典概念模型相似。

2. 超级单体数据集的对比统计分析方面

Bunkers(2002)分析了美国 60 个左移超级单体的垂直风切变参数,相比于右移超级单体的高空风分析图,左移超级单体的环境相应的高空风分析图显示一个更加线性的趋势。左移超级单体的高空风分析图显示,其曲率通常限定在最低的 0.5~1 km 之内。无论在容量还是累计值上,左移超级单体 0~6 km 的风切变的值,都可以在右移超级单体通常的范围内找到,但是左移超级单体的切变值却比右移超级单体的范围低。Bunkers 等(2006)对美国中东部持续超 4 小时的超级单体的特征进行了再分析,指出长时间存在的超级单体比短时超级单体具有更加孤立和离散的特性,一个长时间持续的超级单体消失的时候经常由正在减弱的单体环流和(或)快速耗散的雷暴发出信号。而相比之下,短时间的超级单体消亡通常要发生在对流单体合并和转换时。36% 的长时间维持的超级单体事件伴随衍生强烈致灾性 F2—F5 级龙卷,短时超级单体有 8%。并对 184 个长时间存在的超级单体事件的局地大尺度环境场进行分析,并在随后与 137 个中长时间(2~4 h)超级单体事件和 119 个较短时间存在的超级单体事件的环境场进行了对比分析,从而在可操作的参数上可以更好地预测超级单体持久性。Kennedy 等(2007)通过更大数量的风暴单体样本来更深入透彻地分析带有持久的后方侧翼附属物的独立超级单体中的 DRCs 发生的频率,在 64 个超级单体中,59% 产生了 DRCs,其中30% 的 DRCs 发生在 10 min 到 5 min 后出现龙卷。数据统计分析显示,当 DRCs 与龙卷有联系时,对于龙卷风的临近预报有一定的作用,将来随着天气监测雷达分辨率和对 DRCs 进一步分类的提高将会区分伴生的龙卷和非龙卷超级单体。刁秀广等(2009)利用多普勒雷达探测资料,结合天气形势,对 3 次典型超级单体强度结构、流场结构及其演变过程进行了仔细的分析,指出,地面中尺度辐合触发了不稳定能量的释放,引发了强对流天气发生;风暴形成阶段表现为不同的演变特征,3 个风暴都属于右移风暴,偏离风暴承载层平均风右侧 30°~70°,移动速度约为风暴承载层平均风速的 45%~70%;发展成熟阶段最大强中心高度表现不同,最大反射率因子和垂直积分液态含水量(VIL)表现也有差别。周后福等(2014)利用多普勒雷达探测资料和 NCEP 再分析资料,对 2003—2010 年发生在江淮地区的 6 个龙卷超级单体风暴及其环境参数进行了分析。刁秀广等(2014)利用多普勒天气雷达资料,结合环境物理量和天气实况,对发生在山东境内的 6 个非超级单体龙卷风暴特征进行了分析。6 个非超级单体龙卷风暴产生于 5 次天气过程,其中 4 次过程属于后倾槽结构,1 次是西北气流结构。6 个非超级单体龙卷中 EF0 级龙卷 2 次,EF1 级龙卷 3 次,EF2 级龙卷 1 次。低层大的湿度和 0~1 km 垂直风切变超过 7 m/s 是非超级单体龙卷发生的有利条件。平均径向速度产品上,方位上相邻距离库之间速度差值超过 20 m/s,或者,相对风暴平均径向速度产品上,方位上相邻距离库之间速度差值超过 15 m/s,可预警龙卷。风暴单体迅猛发展需要强上升气流配合,强上升气流将低层辐合线上的小涡旋迅速拉伸,使得旋转运动进一步发展,诱发小尺度范围的强切变,从而导致龙卷发生。郑媛媛等(2015)对 10 次台风龙卷过程的环境背景和其中 F2、F3 级以上龙卷过程的回波结构演变特征进行了详细分析。

　　3. 超级单体是否衍生龙卷方面

　　Brooks 等(1994)利用临近的观测资料分析了衍生龙卷和不衍生龙卷的中尺度气旋的环境场的不同,提出了关于临近度的问题。随着高时空分辨率的强风暴环境被观测,接近业务的临近意义越来越不明晰,因此,对临近数据集的探索的局限性在一定程度上进行了详细分析。概念模型显示,需要一种在对流层中层单体相对风场、单体相对环境螺旋度和低层绝对湿度的平衡机制来共同生成一个长时间持续的衍生龙卷的中气旋。没有三者平衡的情况的单体风暴应该是很少见的。Mead(1997)研究发现 2~9 km 高度单体相关风的强度结合热力学不稳定甚至能量螺旋指数方面可以作为一个判断超级单体环境是否适合产生龙卷,并且 0~6 km 高度的风切变值的大小龙卷的要明显高于非龙卷的。Davies(2004)研究评估携带龙卷和非龙卷超级单体显示,F1—F4 级龙卷的发生频次因为显著增加的 CIN 和 LFC 高度而明显减少,认识到在增加的 CIN 和 LFC 特征的环境场有利于从操作层面上区别一些携带龙卷和非龙卷的超级单体环境。郑峰等(2010)分析了多普勒雷达观测的"圣帕"台风反射率因子、垂直风切变、相对风暴径向速度等要素,指出业务运行中仔细分析其参数,密切注意微涡旋的形成演变过程和发生地的局地特征对做好龙卷风的预报有重要作用。Onderlinde 等(2014)开发了统计热带气旋龙卷风参数,用来预测影响沿墨西哥湾和大西洋沿岸南部在 6 小时内伴随热带气旋的一个或多个龙卷风的可能性。Klees 等(2016)分析了 VORTEX2 观察中两个弱超级单体(一个没衍生龙卷,另外一个衍生了两个龙卷)在彼此靠近演变过程和环境场,衍生龙卷的超级单体其风暴相对螺旋度相对略高。在大的热力学变化和风暴相对螺旋度增加的情况下,环境场时间演化明显,产生了有利衍生龙卷的许多条件。Coffer 等(2017)在 VORTEX2 实验中模拟了携带龙卷和非龙卷的超级单体环境,指出衍生龙卷的超级单体具有更强的低层上升气流并生成风速超过 EF3 级阈值的类似龙卷涡旋,而非龙卷超级单体只能生成不会达到 EF0 级的浅涡。

4. 局地的独特地理环境影响研究方面

在合适的地理环境支持下,该地区更容易发生超级单体等强烈的致灾性对流。Bunkers 等(2006)对美国中东部持续超 4 h 的超级单体的特征进行了再分析,指出美国中北部和东南部地区发生的长时间持续的超级单体的演化特征在不同的地形环境下有很大差异。美国中北部地区 86% 的长时间持续的超级单体其演化过程中是独立维持的,在美国东南部地区独立维持的超级单体比例是 35%。Daniel 等(2007)通过对俄勒冈州海岸区域一个带状降水事件的观测,使用理想数值模型和解析理论研究了由小规模的地形触发对流地形雨带特性。冀春晓等(2007)应用非静力平衡中尺度模式 MM5,通过在浙江、福建东部沿海一带进行有无地形的数值对比试验,着重讨论了台风登陆期间地形对台风降水、台风结构特征变化的影响,表明台风登陆期间地形的影响对台风降雨量有明显的增幅作用。由地形强迫产生的降雨量和地形走向相一致,迎风坡降雨量增加,背风坡降雨量减少,地形影响使浙江东部一带增加的平均降雨量约占该地区模拟平均总降雨量的 40% 左右。台风登陆期间,地形的强迫作用有利于在低层台风眼的西北侧形成明显的辐合带,高层为明显的辐散区;在中尺度环流场上,地形的影响有利于台风中心西北侧低层中尺度气旋性涡旋系统的发生发展,从而激发中尺度对流云团,形成中尺度雨团,造成了台风中心南北雨区和雨量的不对称分布。Peyraud 等(2013)分析了在阿尔卑斯山区复杂地形环境场的一个超级单体演变,通过观测和模拟确定了以前多篇文章假设的低层风流过山区,因山区的通道效应而改变,可以周期性地提供一个适合龙卷生成的局地合适的风切变环境。在此特定情况下,入流风沿山而行的特征似乎一直在形成第二个龙卷,因为重要的地形阻碍任何显著的低层梯度风切变在日内瓦湖的东端形成,因此龙卷在这里发生。从而进一步确定了前人在北美大平原和其他地方关于超级单体的特定的单体特征和标记。李彩玲等(2016)对 1522 号台风"彩虹"外围佛山强龙卷特征分析中指出,地面中尺度辐合线是强龙卷发生的抬升机制之一,珠三角喇叭口地形以及佛山东南低、西北高的地形有利于低层辐合的加强。

5. 超级单体数值模拟方面

Klemp 等(1983)等通过初始化一个先前模拟的成熟超级单体风暴的高分辨率的云模式模拟研究了一个超级单体雷暴向龙卷转换的阶段。使用增强的网格分辨率,低层的气旋性涡度显著提高,并且当小规模的下降气流在低层环流中心附近发展时阵风锋迅速锢囚。随着锢囚的发展,一个高涡度的空气围绕在环流中心,并能导致多个龙卷涡旋形成。模拟演变的过程许多特征与衍生龙卷的单体中的观测相似。在模型的模拟中,大规模的低层涡度通过风暴入流侧的倾斜和强烈延展的空气形成。Kulie 等(1998)运用一个三维、非静力、云尺度数值模型(TASS)来分析了一个强降水超级单体雷暴的结构和演化,模拟产生了一个能够媲美观测到的罗利雷暴龙卷的长时间持续的对流系统。模拟的单体风暴从一个多元性风暴到多上升气流的超级单体雷暴的演变。该单体合成一个多细胞超级单体雷暴,并且与冷季以浅的中尺度涡旋为特征的动力强降水超级单体的概念模型一致。胡胜等(2006)利用三维对流风暴云模式模拟了一次广州的超级单体过程。模拟了最大反射率因子、强盛时的流场结构和云内垂直运动的演变。Shimizu 等(2008)等采用双多普勒雷达分析资料和一个云风暴模拟器研究了一个在潮湿环境中类超级单体的结构和形成机制。采用变分法的双多普勒雷达分析显示类超级单体的单体具有与美国大平原上发生的融化层下干环境中的典型超级单体的类似结构,包括钩状回波,悬垂的回波结构和具有强垂直涡度的强烈的上升气流。French 等(2012)通过 RUC 模型、天气监测雷达网和强风暴报告等资料分析了独立的一个超级单体与一个飑线合并的例子共 21 个样本,分析结果显示,两个基本的环境场与弱的天气强迫、弱到强的切变环境(WF)和强的天气强迫、强的天气环境(SF)的合并有关。陈明轩等(2012)利用三维云尺度数值模式和雷达资料快速更新循环四维变分同化(4DUar)技术,对京津冀地区一次强降水超级单体风暴发展演变的热动力机制进行了数值模拟和结果分析,并结合雷达、加密探空和自动站资料,揭示了快速变化的近风暴大气环境及风暴自身的热动力三维特征对超级单体形成、发展和演变的影响。Orf 等(2017)模拟了的超级单体中的一个长距离持续的具有瞬时地面风暴相对速度达到 143 m/s 龙卷演变,发现在之前超级单体模拟中所没有清楚看到的与龙卷衍生有关的过程,包括沿着单体前侧下沉气流边界无数的涡旋和涡旋碎片的合并和一个我们称之为流线涡旋流(SVC),一个水平的涡旋流向上倾斜到单体低层的中尺度涡旋中。SVC 是遍布于龙卷的衍生阶段和大部分的维持阶段,此时它似乎是帮助驱动单体的蓬勃发展的低层上升气流。我们对比了单体模拟和实测维持阶段,发现龙卷的减弱在龙卷的深度上发生得很迅速,这与 SVC 的减弱和强的降水下沉气流的发展包围了龙卷有关,降水下沉气流移动到了单体的冷池。Yussouf 等(2013)等用带有单重嵌套和双重嵌套微物理方案的集合卡曼滤波分析和预报了衍生龙卷的超级单体,指出集合预报能够捕获主超级单体的运动,并且跟雷达观测契合度很高。在超级单体的反射率结构方面与观测资料相比,双层嵌套比单层嵌套更好。此外,集合预报的衍生龙卷超级单体的低层涡度路径可能性与观测的涡旋轨道有很好的相关性。雷达观测资料同化 3 min 的更新周期可以提高集合预报的技巧和应对短时龙卷威胁的信心。研究表明,NOAA 预警预报计划主要目标——超级单体的短临预报的可能性,通过同化融合雷达资料、卫星资料和其他探空资料的数值模拟,来进一步提高对主超级单体的强度和轨迹的预测预报,应对强灾害性风暴带来的可能威胁。目前来看,尽管数值模拟的网格嵌套精度已经很高(50 m),但是数值模拟的预报强度、持续时间和运动轨迹都比实际超级单体运行轨迹有较大差异,其中预报的龙卷轨迹与观测的龙卷轨迹平行且在其北侧相差 8 km(嵌套网格 50 m)。Xue 等(2014)将衍生龙卷的超级单体被先进的采用四层嵌套网格(9 km—1 km—100 m—50 m)区域预报系统(ARPS)预测。额外的 1 km 实验显示,在同化和预报期间径向速度的使用和在 3DVR 中恰当地使用散度约束在低强度中尺度气旋的建立形成中是非常重要的。只同化雷达反射率数据未能预测出中尺度气旋强度的加强。从 1 km 的控制初始条件差值的 100 m网格,进而从 100 m 网格的 20 min 预报上进一步嵌套 50 m 网格。两种预报都能覆盖观测到龙卷爆发的全过程和成功捕获龙卷涡旋的发展。50 m 格点上的龙卷预报强度最强达到 Fujita3 级(F3),而相应地 100 m 格点上的龙卷强度预报值达到 F2 级。两种网格的衍生龙卷时间跟观测时间一致,尽管预测的龙卷强度相对较弱和时间较短。预报的龙卷轨迹与观测的龙卷轨迹平行且在其北侧相差 8 km。预测的龙卷涡旋的实际结构与之前的研究理论、概念模型和观测研究相似。在超级单体中对一个观测到的龙卷的预测能够达到相似的程度在之前的研究中还从来没有实现过。

1.2　研究的必要性

　　台风外围螺旋雨带内强对流天气过程中的强对流单体、超级单体和龙卷的相关演变对所经地区的灾害预报预警、减灾防灾、社会生产和人们生活有很重要的影响作用。分析国内外对台风螺旋雨带、致灾性强对流单体、超级单体和龙卷等的演变特征分析和模拟研究表明,目前有关台风螺旋雨带及其内强对流单体(超级单体和龙卷)演变特征和机理的研究多集中在以下几个方面:

　　1. 台风螺旋雨带及其内超级单体数值模拟研究

　　研究采用相对成熟的高分辨率模式和同化融合常规观测资料、雷达资料和卫星资料,对台风和超级单体结构发生发展的过程进行更加细致的量化,试图解释台风结构及超级单体发生发展过程中的物理机制,并且给出细网格分辨率的空间结构演变。

　　2. 超级单体(含衍生龙卷)的个体研究

　　研究主要集中在超级单体发生的天气背景、回波结构、旋转速度、垂直风切变值和衍生龙卷的演变等参数及其与经典超级单体模型的对比,揭示了单个超级单体或几个超级单体发展演变的特征。

　　3. 超级单体(含衍生龙卷)的数据集对比研究

　　主要是集中在超级单体风暴中气旋的时空分布、移动方向、生命史长度、结构特征以及旋转速度大小、中气旋顶和底的高度、伸长厚度、风暴螺旋度以及切变值等特征量的统计分析,并给出了相应的参考指标。

　　4. 超级单体是否衍生龙卷方面研究

　　研究主要从预报概念模型环境风场、热力不稳定、能量螺旋指数、风暴相对螺旋度、环境层结高度、低层上升气流强度、中气旋旋转速度和旋转半径等多个方面进行了研究,并给出了相关的参考标准。

　　由中国气象局对自 1949 年以来 7—9 月登陆中国大陆的台风数量可见(图 1-3(a-c)),广东省是台风登陆最多的省份,而广东省的环珠海经济开发区包含了香港、澳门和深圳等经济特区,人口密度达到每平方千米 10 万人(图 1-3d),是中国的经济发展中心之一,也是密集人口聚居地之一。通常来说,台风眼气压最低,眼壁附近风速最大同时降水量最多、风暴潮最强,台风结构的概念模型如图 1-2 所示。而 2015 年 10 月 3 日 08 时—5 日 08 时(北京时间)超强台风"彩虹"移动发展过程中,其台风内核部分(台风眼和眼壁)经过湛江等地累计降水量并不是很大,仅在 100 mm 左右,但是相反的是其外围螺旋雨带(距离台风中心约 300~400 km)的对流系统演变包含了大量强对流单体,给所经之处带来了龙卷及强对流天气和超过 250 mm 及以上的降水,造成了广东省人员死亡 11 人,失踪 4 人,累积受灾人口 350 余万人,农作物受灾面积 28 余万公顷,直接经济损失逾 230 亿元(图 1-4)。目前对于台风结构中的切向风速、降雨量和不同物理量场分析尺度的水平范围都在150 km 以内,提出的改进 Rankine 模型也是在 150 km 的概念模型(图 1-5)(Jorgensen,1984;Houze,2010;Willoughby,1990a,1990b)。

　　一般来说,台风半径是 500~1000 km,那么距离台风中心 150 km 以外的物理量场分布是如何的呢?Krishnamurti 等(2005)对飓风 Bonnie 的 MM5 数值模式模拟过程中,1998 年 8 月 22 日 0000(世界时,UTC,0800BJT)的初始场显示了其海平面气压场(图 1-6a)和 850 hPa 的

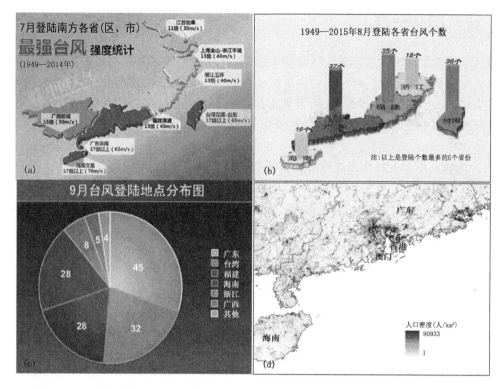

图 1-3　1949 年以来 7—9 月登陆中国台风分布(a～c)及东南沿海地区人口密度分布(d)

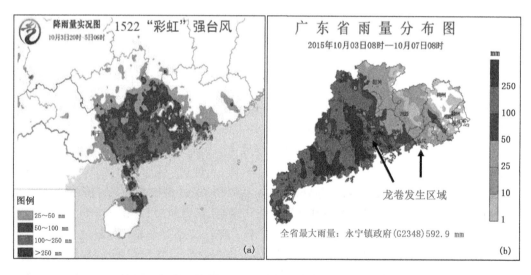

图 1-4　2015 年 10 月 3—7 日"彩虹"台风期间实况降水量
(a)中央气象台统计和(b)广东省气象局统计

切向风速分布(图 1-6b)显示,在初始时刻切向风在台风中心的北侧约 350 km 的距离有最大切向风速约 24 m/s,风暴中心南侧 180 km 处有切向风速约 13 m/s,反而风暴上方切向风速是最弱的。

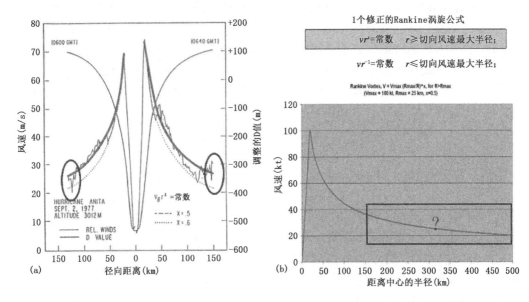

图 1-5　台风眼附近的(a)风速气压等分布(Sheets,1980)和(b)改进 Rankine 模型
（图中椭圆和问号矩形框为突出水平距离而标注）

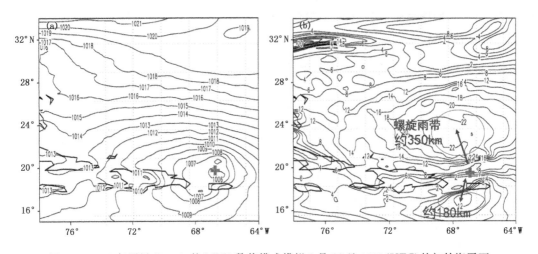

图 1-6　1998 年飓风 Bonnie 的 MM5 数值模式模拟 8 月 22 日 0000(UTC)的初始海平面
(a)气压场和(b)850 hPa 的切向风速(Krishnamurti 等,2005)

　　因此,本研究以晚秋登陆中国广东湛江的外围螺旋雨带致灾严重的强台风"彩虹"为对象,对该台风螺旋雨带的分布特征、形成演变和其中的致灾性强对流风暴、超级单体和龙卷演变和形成机理等进行深入细致分析,以期进一步丰富其相关研究中的空白与不足。

　　(1)有关研究在台风结构及其内部特征演变方面已经取得了一定的进展,其中主要关注点仅限于台风中心及眼壁附近的温压湿风等参数的观测(距离台风中心半径约 150 km 以内),而对于台风眼壁以外的螺旋雨带的演变和致灾情况很少关注。在台风过程中,台风中心(包含眼壁)移经区域往往不是降水和致灾最强的区域,而远离台风中心的外围螺旋雨带所经过的地方往往受灾严重。对于该现象相关特征和形成原因、机理仍需要进一步分析研究。

（2）国内对超级单体的分析多是个例分析,超级单体数据集还较少。而台风外围螺旋雨带中包含大量的对流单体的发展演变,其中不少强对流单体可以增强到超级单体强度,如果能对台风螺旋带内所有的超级单体识别并逐一分类分析,将得到丰富的超级单体数据集,并且可能会找出台风外围螺旋雨带演变与其中超级单体的相关演变特征和参数指标。

（3）雷达和卫星等观测仪器的精细化发展,使得对灾害性天气过程的监测进一步细化。但超级单体的回波强度以及径向速度和速度谱宽回波结构的演变过程仍然不清楚,其中的物理特征如钩状回波的精细结构和形成机理仍缺乏详细说明。

1.3　研究内容

从以往研究进展可以看出,在探测和模拟分析手段进一步发展后,对台风螺旋雨带和超级单体及衍生的龙卷等灾害性天气的分析和研究进一步增强和细化,相关的形成演变结构和理论进一步丰富和完善,但是,仍存在螺旋雨带演变机理不清楚,其内的中尺度致灾系统的形成和演变不明晰等科学问题亟待解决。因此,本研究以少有的晚秋登陆广东"彩虹"台风（编号1522,英文名 Mujigae）为例,拟利用中国气象局常规观测资料、多普勒雷达资料、卫星资料、NCEP/NOAA 和 ECWMF 再分析资料等多种观测资料,对"彩虹"台风螺旋雨带内距离台风中心约 400 km 远的致灾性中尺度天气过程的演变特征和相关机理进行分析。所以本研究所关注的一个科学问题就是:"彩虹"台风登陆期间,远离台风中心的外围螺旋雨带中致灾性中尺度天气发生的演变特征、成因和形成机理研究。

1.3.1　(超)强台风形成机理和演变的对比分析

台风生成发展过程的影响要素里,其所经区域的热力、动力和水汽条件是决定台风加强还是减弱的基本要素量。本研究将分析 10 月 2—4 日"彩虹"生成加强期间的途经海域海表温度、天气背景实况和天文大潮等重要影响因素,为后续选取登陆中国广东的(超)强台风个例,揭示登陆中国广东的(超)强台风的所具有环流背景和各种天气条件配置模型研究提供参考和支撑。主要内容包括:

（1）地面（海面）、不同高度的温度场的分布;

（2）大尺度环流背景分析和近地面中尺度分析;

（3）致灾地区 3 日—4 日影响局地天气条件诊断分析;

（4）结合实际情况,选出重要的参数指标。

1.3.2　台风螺旋雨带的强度分布特征和机理

本研究根据台风过程中降水分布和风场分布的真实情况,对相关模型的匹配检验,为螺旋雨带的强度分布,尤其是致灾性螺旋雨带的自身特征和机理进行分析。主要内容包括:

（1）分析台风外围螺旋雨带风场分布变化特征;

（2）分析台风外围螺旋雨带多普勒雷达拼图回波特征;

（3）台风外围螺旋雨带强度分布的概念模型的选取与检验。

1.3.3　致灾性中尺度系统演变的相关参数和模型

本研究选取"彩虹"台风期间外围螺旋雨带内发生致灾性影响的中尺度天气系统(超级单体和龙卷)所在地汕尾和广州两站的多普勒雷达数据资料,对数据资料进行反演分析,找出灾害发生期间,雷达所观测到的强对流演变特征,分析建立相关概念模型,为后续研究提供参考和支撑。主要内容包括:

(1)汕尾和广州雷达监测的中气旋定位分布和特征分析;

(2)汕尾和广州衍生龙卷的 3 个超级单体及其内中气旋和龙卷的分布和相关参数分析;

(3)衍生龙卷的 3 个超级单体的多普勒雷达参数(谱宽、速度和反射率因子)演变分析;

(4)谱宽、速度对强对流单体、超级单体和龙卷演变的可能的相关关系模型。

1.4　本章小结

本章从台风结构研究出发,综述了已有学者对台风外围螺旋雨带及(其内)超级单体演变及其内中尺度风暴和龙卷等主要研究成果,回顾了该领域的观测技术发展及研究进展,总结了以往台风结构研究的范围和参数、超级单体相关参数指标和演变特征分析的方法,并指出已有研究中尚存在的不足及缺失,从而确定了本书的研究方向和研究目标。

第 2 章

"彩虹"台风成因分析

2.1 "彩虹"强台风介绍

2015 年 10 月 4 日 14:00 晚秋强台风"彩虹"(编号 1522,英文名 Mujigae)在中国湛江登陆,该台风是晚秋登陆中国的少有的致灾严重的台风之一。此次台风外围螺旋雨带给所经之处带来了龙卷及强对流天气和超过 250 mm 及以上的降水,受灾最严重的广东省 11 人死亡,4 人失踪,累积 350 余万人受灾,28 余万公顷农作物受灾,直接经济损失逾 230 亿元。

由"彩虹"台风(以下简称"彩虹")的发展演变过程和移动路径的分析(图 2-1a)可知,在 10 月 2 日 02 时(北京时(BT),下同),在菲律宾的吕宋岛上空一个热带低气压增强并转为热带风暴,被命名为 Mujigae(朝鲜名"彩虹")。2 日 20 时"彩虹"强度进一步加强并成为一个强热带风暴,此时其中心附近最大风速接近 25 m/s,气压为 985 hPa,向西北方向的移动速度为 21 km/h(图 2-1b)。14 h 后,在 3 日 14 时,"彩虹"定位在(18.9°N,114.3°E),其强度达到台风级别,中心最大风速约 33 m/s,中心气压约 975 hPa,移动速度约 25 km/h。3 日 23 时,"彩虹"定位在(19.6°N,112.8°E),其强度中心最大风速约 45 m/s,中心气压约 955 hPa,移动速度约 25 km/h,此时其已经增强为强台风。4 日 14 时,"彩虹"登陆中国广东湛江(21.0°N,110.8°E),此时强度为强台风,内核中心最大风速 50 m/s,气压 940 hPa,移动速度为 20 km/h。4 日 18 时,"彩虹"位于(21.7°N,109.8°E),其强度从强台风级别减弱到台风级,内核中心最大风速约 38 m/s,气压回升至 970 hPa,移动速度为 20 km/h。4 h 后,"彩虹"台风继续减弱为强热带风暴,在 5 日 3 时减弱为热带风暴,5 日 10 时减弱为热带低气压,台风解除预警。

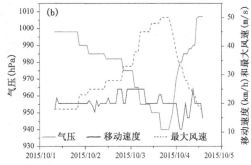

图 2-1 2015 年 1522"彩虹"强台风(a)移动路径和(b)移动速度、中心气压、最大风速

"彩虹"台风发展过程中,从 10 月 2 日 0200 生成为热带风暴到 5 日 10 时减弱为热带低气压共计 77 h,只用了 45 h 由热带风暴达到强台风级别,具有临近海岸线加强的特征。该特征可能与 2015 年秋季西太平洋海表温度及 50 m 深层温度>28℃维持时间较长和相对较小的地月中心距有关(图 2-2)。图 2-3 展示了 4 日 14:00"彩虹"强台风登陆时的日本向日葵 8 号卫星和中国风云 2 号 G 星的可见光图像(图 2-3a,2-3c)、中国气象局华南雷达拼图(图 2-3b)和中国风云 2 号 G 星的红外云图(图 2-3d)。从图中可见,"彩虹"台风右前象限远离台风中心的多条螺旋雨带清晰而明亮。螺旋雨带移动过程中给所经区域带来了超过 250 mm 的降水、重大的伤亡和损失。台风中心(台风眼和眼壁)附近却没有出现大的致灾情况(图 1-4)。

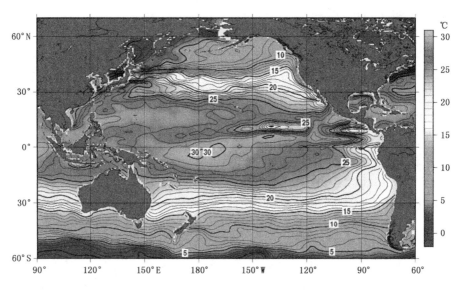

图 2-2　2015 年 9 月太平洋地区及附近海域 50 m 平均温度（日本气象厅）

图 2-3　2015 年 10 月 4 日 14:00(BJT)"彩虹"强台风在湛江登陆时的卫星和雷达图像
(a)日本向日葵 8 号卫星定点云图,(b)中国华南雷达拼图,(c)风云 2 号 G 星可见光云图,
(d)风云 2 号 G 星红外云图

2.2 环境背景分析

2.2.1 "彩虹"台风期间环境演变

2015 年 10 月 1 日 8 时,500 hPa 环流形势图(图略)呈现两槽一脊型,脊线位于新疆及以北和贝加尔湖以西地区,两侧各有一槽。其中东亚大槽位于我国内蒙古—河北—河南—湖北—江西一线,温度场配置与气压场配置类似,稍微落后于气压场。副热带高压强盛,588 dagpm 线在 30°N 以北,592 dagpm 线覆盖我国南海地区及菲律宾东北至 155°N 附近海域,副高脊线位于 20°N 以北。东西风带切变线在 25°N 附近,在 10°N 附近低层 850 hPa 以下菲律宾中南部上空有弱的西风气流,有明显的气旋性风场结构存在。我国南海大部海域海表温度超过 28℃,有利于涡旋生成。1 日 20 时随着东亚大槽的东移加深,588 dagpm 线基本维持不变,592 dagpm 线退至台湾及以东海域,在 10°N 附近低层 850 hPa 以下有弱的西风气流在加强,925 hPa 高度层局部风速由 2 m/s 加强为 10 m/s。海表温度超过 28℃高温海域出现在南海中东部及菲律宾以东附近洋面。

2 日 8 时高压脊移到我国新疆东北部和贝加尔湖以西地区,东北冷涡略有东移,东亚大槽减弱,西太平洋副热带高压 588 dagpm 线略向南移 1°~2°N,592 dagpm 线移到台湾以东洋面,副高脊线位于 23°N 附近,在我国南海中东部、菲律宾及以东附近海域有海表温度>28℃的高温海域持续,而其上高空 100 hPa 附近有低于-76℃的低温区域存在,此时热带低压已经生成,500~850 hPa 有较强的 14 m/s 西北风。2 日 20 时,在欧亚大陆 500 hPa 上呈现"三槽两脊"型,新的槽脊在黑海以北 60°N 西伯利亚以西地区形成。原脊线移到贝加尔湖西侧,东北低涡稳定少动,中心移出我国东北,槽进一步减弱。西太平洋副热带高压 588 dagpm 线在 110°E 以东略有北抬,592 dagpm 线西进至南海中东部,范围扩大。在我国南海中东部及菲律宾以东海域海表温度>28℃,海平面气压场在西沙东北部和菲律宾西北部有涡旋中心,高空 100 hPa 高度场附近有低于-80℃低温区域覆盖广西中部、广东、海南东北部、南海及菲律宾北部及附近海域上空(图 2-4a)。

3 日 8 时,欧亚大陆中高纬度 500 hPa 高压脊线移过贝加尔湖,短波槽加深,我国东北低涡向东北方向移出我国边界,东亚大槽进一步减弱。西太平洋副热带高压 588 dagpm 线在 110°E 以西稳定少动,110°E 以东北抬,592 dagpm 线北抬至 30°N 以北,西进至广东北部和福建中南部,并在菲律宾北部和广东北部上空形成稳定的东南—西北向的边缘,并且南扩,强度范围进一步加大。30°N 以南上空 100 hPa 温度场<-76℃。3 日 20 时,中高纬度东亚大槽东移入海,冷涡消失,脊线减弱移至我国东北部西部,西伯利亚大槽移至我国新疆西北部。西太平洋副热带高压边缘 588 dagpm 线稳定略有北移,592 dagpm 线在菲律宾北部至福建中部上空稳定维持,较前一时次在我国福建地区略向东北方向移动。海南及附近海域上空 100 hPa 处有-80℃低温区域约 21 万 km²(图 2-4b)。

4 日 8 时,西太平洋副热带高压 588 dagpm 线北抬至 32°N 以北,西进覆盖四川盆地,592 dagpm 线北抬至 30°N 以北,592 dagpm 线西部边缘覆盖我国湖南怀化—韶关—梅州—汕头一线,西南边缘覆盖我国南海东北部地区及菲律宾中部。在 100 hPa 高度上中心(112.79°E,20.25°N)有一面积约为 5000 km² 的-80℃低温区域。台风中心西南方 500 hPa 及以下中低层有来自西南方向的水汽输送,台风中心东南方 500～700 hPa 有来自西太平洋的水汽输入,两条水汽带在热带气旋南侧汇合提供了充沛的水汽。4 日 20 时,欧亚大陆中高纬度 500 hPa 上,大气环流形成新的两槽一脊,脊线在贝加尔湖上方,左槽在西伯利亚地区加强,右槽较弱。西太平洋副热带高压 588 dagpm 线继续西伸北抬,覆盖四川及以东地区。592 dagpm 线在海上面积有所减小,在我国东南部地区几乎静止不变。风场显示来自南部的水汽非常充沛。涡旋中心在广西中南部和广东南部地区。在 100 hPa 上,超低温中心(<−80℃)出现在广东东部福建以东及台湾东部上空,面积约为 75 万 km²(图 2-4c)。

5 日 8 时,西太平洋副热带高压 588 dagpm 线在海上略有南退东收,592 dagpm 线也在海上东收南压,副高脊线中心仍在 22°N 左右。5 日 20 时,受高原低值系统东移影响,贵州广西等地上空中高层有西北方向的冷空气入侵。588 dagpm 线东退至贵州以东,海上南退至 30°N 以南。592 dagpm 线面积减小为上个时次的约 1/10,只在台湾及附近海域上空存在。500～1000 hPa 中低层来自孟加拉湾的西南水汽带及西太平洋的东南水汽带在我国南海上空汇聚,为"彩虹"台风的发展提供了充沛的水汽条件(图 2-4d)。在"彩虹"台风近岸加速过程中,来自西北部的弱冷空气对其切变加强和移动速度的加强有较好的激发作用。在"彩虹"台风移动过程中,其右上侧的副热带高压一直稳定存在,并且中心 592 dagpm 线逐步向西南方延伸,所以台风沿高压中心西南侧逐步向西北方向发展。

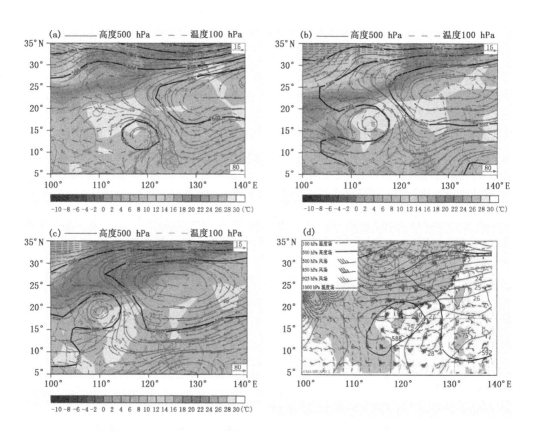

图 2-4   2015 年 10 月 2—4 日(a-c)逐日大尺度环流气象要素分布和(d)4 日 08 时气象要素分布图

2.2.2 影响"彩虹"台风致灾强度的因子分析

台风是由热带雷暴云发展而成的。热带雷暴云在发展初期需要具备以下必要的条件:有海温超过 26.5℃(80F)且足够宽阔和深厚的海面或洋面来提供热力条件,形成暖心结构涡旋有利于初始扰动,一定的地转偏向力和较小的对流层风速垂直切变。当几个雷暴云开始围绕着同一个低压中心旋转时就形成了热带低气压。如果热带低气压继续加强且风速达到17.2 m/s(39 mile/h),就升级为热带风暴,当风速再增加超过 24.5 m/s 就成为强热带风暴,继续增强超过 32.7 m/s(73.1 mile/h)就成为台风,风速超过 50 m/s 就成为超强台风(朱乾根等,2000)。

2.2.2.1 海表温度

在海温对台风生成的影响方面,Demaria 等(1994)从 31 年的样本(1962—1992 年)建立了北大西洋海盆的气候海表面温度(SST)与热带气旋最大强度的经验关系。其中每个风暴都被检查以确定观察到的强度接近最大可能强度(MPI)。结果表明,只有约 20% 的大西洋热带气旋在它们强度最强的时候达到了它们最大可能强度(MPI)的 80% 或更多。平均来说,风暴到达了最大可能强度(MPI)的 55% 左右。Chiodi 等(2008)分析了在 2005 年和 2006 年美国海湾沿岸北大西洋台风(飓风)季明显的不同,2005 年飓风季节是该地区历史上最具破坏性的季节之一,而原本预计 2006 年也会超常的飓风却影响有限,造成两年台风生成和加强的重要环境因子之一是西大西洋和加勒比地区(15°~30°N,70°~40°W)的海表温度异常(SSTA)。2005年台风季里海温高于平常温度 1.5 个标准差,但是 2006 年却少很多。Elsner 等(2013)建立了一个最强台风强度的统计模型,并提出了一种用于估算最强飓风对海面温度变化的敏感性新的方法,该方法在两个全球气候模式 GFDL-HiRAM 和 FSU-COAP 中应用中监测显示强台风对海温的敏感性是不一样的。Stewart 等(2012)对 2010 年东北太平洋台风季总结中对海表温度、200 hPa 速度势异常与辐散风异常和 850 hPa 垂直风切变等因素进行了年度分析,指出 2010 年台风季风暴是较少年份之一,并且国家台风中心的路径预报在东北太平洋地区是相当熟练的。Hall 等(2017)建立了估算墨西哥沿岸的飓风登陆率的东北太平洋热带气旋的统计模型,其中指出海表温度是影响墨西哥沿岸登陆强台风(category-5 TCs)的最强因子。5 级强台风登陆率的增加与海温是影响东北太平洋最强热带气旋的形成率最强因子是一致的。

从 2009—2017 年中国南海及附近区域海表温度距平值(基准温度为 1981—2010 年的平均温度,取值范围为(100°~120°E,0°~25°N))来看(图 2-5a),2015 年秋冬季海表温度是自 2010 年以后第二持续时间较长且强度更大的时段,温度差超过 1981—2010 年均值 1℃ 左右。2015 年的超强台风数量也是自 2000 年以来数量最多的(图 2-5b),而且 2015 年 9 月和 10 月的月均海表面温度呈现 >28℃ 的大面积区域(图 2-6),其中台风移动路径海域 2015 年 9 月平均海温 >30℃。由 2015 年 9 月下旬和 10 月上旬西北太平洋海域海表 10 d 平均温度年距平值(日本气象厅,图 2-7)可见,在 2015 年 9 月下旬和 10 月上旬这段时间内,"彩虹"台风移动经过的水域比 1981—2010 年的平均值高 1~2℃ 左右,并且在此次"彩虹"台风过程生消期间,9月和 10 月的 50 m 深度浅层海水平均温度西太平洋海域为 >28℃(图 2-8),100 m 深的海水平均水温在菲律宾以东洋面是 27℃ 左右,中国南海地区约 24℃ 左右(图略)。从以上分析可见,2015 年深秋的西太平洋海表水温较往年偏高且高温海域水层深厚,可以为该地区台风的发展提供充足的热力条件。

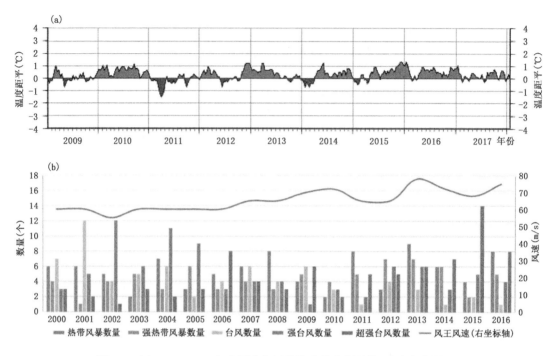

图 2-5　(a)2009—2017 年中国南海逐月海表温度距平值(日本气象厅)和
(b)2000—2016 逐年不同级别的热带风暴和台风的数量及最强台风的风速

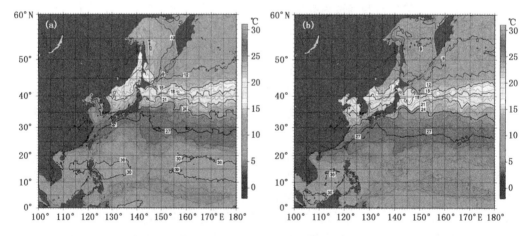

图 2-6　2015 年(a)9 月和(b)10 月西北太平洋海域海表月平均温度(日本气象厅)
(http://www.data.jma.go.jp/gmd/kaiyou/data/db/kaikyo/jun/sst_wnp.html,下同)

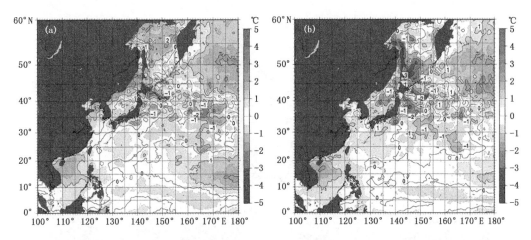

图 2-7 2015 年(a)9 月下旬和(b)10 月上旬西北太平洋海域海表 10 d 平均温度年距平值(日本气象厅)

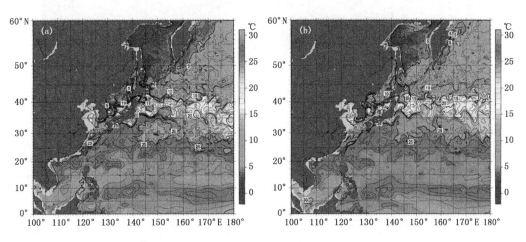

图 2-8 2015 年(a)9 月和(b)10 月西北太平洋海域 50 m 深海水平均温度(日本气象厅)

2.2.2.2 大气环流

大气环流系统对"彩虹"台风的具体影响在 3.2.1 节详细描述。本小节主要分析 1979—2014 年年均 9 月下旬和 10 月上旬 10 d 的大气环流系统的特征与 2015 年 9 月下旬和 10 月上旬的特征对比。2015 年 9 月下旬和 10 月上旬在西太平洋分别有两个台风生成并最终登陆中国沿海(图 2-9),一个是 9 月 23—29 日编号为 1521 的"杜鹃"超强台风,一个是 10 月 2—5 日编号为 1522 的"彩虹"强台风。从持续的时间上和路径范围来看,台风"杜鹃"的时间和路径都比台风"彩虹"长,并且台风"杜鹃"以超强台风横穿台湾后扑向福建。

1979—2014 年 9 月下旬 10 d 的平均大气环流场(图 2-10a)副高 588 dagpm 线南沿在22°N 以北,副高脊线在 26°N 附近。500 hPa 东风带和西风带在 23°N 附近交汇。高空 100 hPa上中国南海及菲律宾以东上空自南向北平均温度在 $-68 \sim -53℃$ 左右。1979—2014 年 10 月上旬 10 d 的平均大气环流场(图 2-10b)副高脊线位置基本不变,但 588 dagpm 线覆盖面积大为减小。500 hPa 东风带和西风带仍在 23°N 附近交汇,但西风带相对增强南压,东风带内中心风速增大。100 hPa 温度场分布与 9 月下旬基本相同。

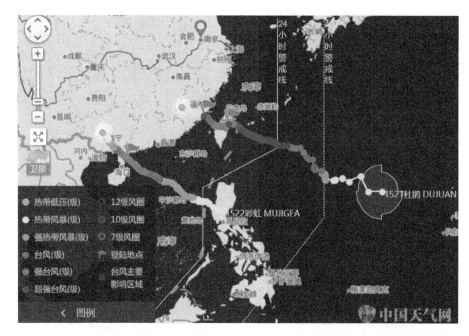

图 2-9　2015 年"杜鹃"超强台风路径和"彩虹"强台风路径(中国气象局发布)

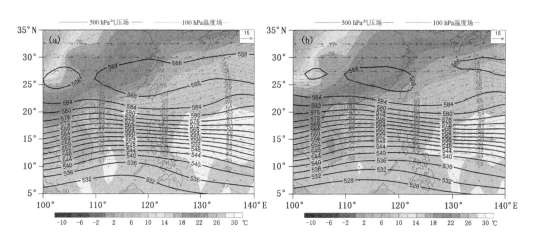

图 2-10　1979—2014 年(a)9 月下旬和(b)10 月上旬平均大气流场
(地面及海表温度(阴影色标,℃),500 hPa 高度场(实线)和风场(箭头,m/s),100 hPa 温度场(虚线,℃))

　　由图 2-11 可见,2015 年 9 月下旬 10 d 的平均大气环流场显示(图 2-11a),西太平洋副热带高压 588 dagpm 线南沿在 20°N 附近,副高脊线在 26°N 附近,在中国福建上空有一个低压中心,这是由于"杜鹃"超强台风在该地区第二次登陆。500 hPa 东风带和西风带在 22°N 附近交汇。受"杜鹃"超强台风影响,在南海东北部有东北风分量。100 hPa 中国南海及菲律宾以东上空自南向北平均温度在 −68~−53℃左右,受到"杜鹃"台风影响在福建北部上空有一闭合中心。2015 年 10 月上旬 10 天的平均大气环流场(图 2-12b)显示西太平洋副热带高压北抬,脊线位置约在 29°N,但 588 dagpm 线覆盖面积略有增大。500 hPa 东风带和西风带在

22°N 附近交汇,但西风带相对增强南压,东风带内中心风速增大,在南海北部有一个西南风和东南风的辐合区域,菲律宾北部有一弱的辐合中心。100 hPa 温度场分布比 9 月下旬基本相同,但温度降低 1~2℃。

从地面温度和海表温度的分布来看,对比图 2-10 和图 2-11 可见,2015 年 9 月下旬南海海表温度>28℃的区域面积明显占据整个海域,菲律宾以东洋面面积也比 35 a 平均场面积增大。2015 年 10 月上旬南海海表温度>28℃的区域面积相对 9 月下旬面积减小,但仍明显比 35 a 平均面积大,菲律宾以东海域>28℃洋面面积也比 35 a 平均场面积大。

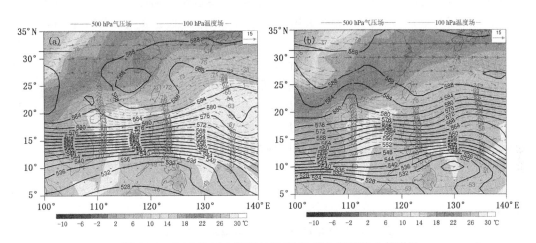

图 2-11　2015 年(a)9 月下旬和(b)10 月上旬平均大气流场
(地面及海表温度(阴影色标,℃),500 hPa 高度场(实线)和风场(箭头,m/s),100 hPa 温度场(虚线,℃))

2.2.2.3　天文大潮

在天文潮与台风的伴生关系研究方面,Carpenter 等(1972)收集了两个半球的 2418 个热带风暴和 1013 个飓风(台风)的初成日期来研究太阴月期间和热带扰动之间的全球假设关系,通过时间叠加法发现了一个在北大西洋飓风和西北太平洋台风生成日的一个月阴历周期(29.53 d)。研究指出,在 78 a 的时间里,飓风和台风形成在新月和满月附近的数量比生成在上玄月和下玄月附近的数量多约 20%,并且新月时比满月的峰值更强。在 78 a 间,北大西洋热带风暴在之后未能成为飓风的时间段介于上下玄月附近。日月引力潮的理论计算显示,近地点月周期只影响极值的振幅而不是时间。没有明显的近点或维度在飓风的形成分量中被发现。吕月华等(1975)总结了大气潮汐和海洋潮汐与天气的相互影响关系,指出,其产生一方面由于月球和太阳的引力作用,另外还与太阳的热力激发作用有关。Sethuraman(1979)在 1976年 8 月 9 日"Belle"台风登陆长岛时测量了三个不同地方的大气中的平均风速和脉动风速,发现在海滩上的平均风速是内陆风速的 3~5 倍,并观察到有序增大的风切变和降雨带的雷阵雨天气相关的周期,指出了观测的水位高度、飓风激增和天文大潮的相关关系。Hason 等(1987)根据 1900—1980 期间的每日降水数据,研究了美国在月阴历期(29.531 d)降水是否有显著变化的问题。结果证实了先前的研究,并通过一种新的方法表明,在这个月周期频率下降水有统计学意义的变化,首次在美国境内上关于月相与降水的关系有了进展。春季第一次出现降水的最大值是在当月相在美国西北部的上弦月时,而在中西部的月相周期稍晚,最后,在东部是新月的时间。在月相变化对空间进展的认识引发了对以前提出的全球月相降水机制的现实问题的质疑,但实际的因果关系可能涉及大气的长波环流。陈广叙(1989)分析了 32 a (1949—1980)台风基本资料,揭示了华南台风活动大致与白道拱线进动周期(8.85 a)相近,而且 60 年代 65%的华南台风其登陆时刻与当地月中天时刻相距小于 3 h,认为月球的引潮力是台风活动的重要激发因素之一。郭洪寿等(1992)以实测资料为依据,统计分析了风暴潮灾、风暴潮、登陆台风、天文高潮等与月相的关系,指出如果台风在天文大潮期间登陆,台风引起的暴潮与天文潮叠加后成灾的概率明显增大,往往是风暴潮峰值适逢当日的天文高潮所致。王月宾(2007)对发生在渤海西岸的风暴潮进行统计分析,表明台风和强冷空气配合的气旋是造成渤海西岸风暴潮的主要天气系统,偏东大风增水和天文潮叠加是造成风暴潮的直接因素;风暴潮和天文潮汐都有半日潮现象。

在"彩虹"台风登陆前,从地月距离来看,2015 年 9 月 28 日 9:47 地球和月亮中心间距最小为 356876 km(表 2-1)。该距离是 2015 年中距离地球最近距离,且达到近几年最小值,而此时只比满月时间早了 1 h(表 2-2)。从地月之间的万有引力来看达到地月引力最大值,有利于"彩虹"台风后期的发展生成。10 月 4 日 14 时台风"彩虹"在湛江登陆,该时间与湛江天文大潮时间 13:37 仅相差不到半小时,并且登陆地附近的海口的天文大潮也出现在 10 月 4 日 11:22,进而出现登陆地附近风、雨、潮"三碰头",造成的灾害和影响更加强烈,其概念图与长岛 Shinnecock Inlet 站观察的海水高度和飓风风暴潮和天文大潮叠加类似(图 2-12)(Sethuraman,1979)。

表 2-1　2015 年地—月中心近地点距离(Perigees)

时间(UTC)	地月心距离 (km)	新月近/满月近 (－－)/(＋＋)	近地点与新满月时间差	
			新 N	满 F
2015-1-21　20:07	359642		N+1d 6h	
2015-2-19　07:31	356991	－	N+　7h	
2015-3-19　19:39	357583		N-　13h	
2015-4-17　03:54	361025		N-1d15h	
2015-5-15　00:24	366023		N-3d 3h	
2015-6-10　04:40	369712		N-6d 9h	
2015-7-5　18:55	367094		F+3d16h	
2015-8-2　10:12	362134		F+1d23h	
2015-8-30　15:25	358288		F+　20h	
2015-9-28　01:47	356876	＋＋	F-　1h	
2015-10-26　13:00	358463		F-　23h	
2015-11-23　20:07	362816		F-2d 2h	
2015-12-21　08:54	368417		F-4d 2h	

注:表格中一年内最近的近地点在靠近新月时用"＋＋"符号标注,在靠近满月时用"－－"符号标注,其他的相对接近最近的近地点用一个"＋/－"符号标注。地月近地点距离与最靠近的新月(N)/满月(F)两相之间的时间前后间隔用"－/＋"来表示近地点提前(－)或者退后(＋)的间隔的时间差才出现新月或者满月(Meeus,1988,1998;Chapront-Touzé,1991)。

表 2-2 2015 年新月和满月月相时间

新月时间(New，UTC)				满月时间(Full，UTC)			
年	月份	日期	时刻	年	月份	日期	时刻
2014	12	22	01:36	2015	1	5	04:54
2015	1	20	13:15	2015	2	3	23:10
2015	2	18	23:49	2015	3	5	18:07
2015	3	20	09:39	2015	4	4	12:07
2015	4	18	18:59	2015	5	4	03:45
2015	5	18	04:16	2015	6	2	16:22
2015	6	16	14:08	2015	7	2	02:22
2015	7	16	01:26	2015	7	31	10:46
2015	8	14	14:55	2015	8	29	18:38
2015	9	13	06:43	2015	9	28	02:52
2015	10	13	00:07	2015	10	27	12:06
2015	11	11	17:48	2015	11	25	22:45
2015	12	11	10:30	2015	12	25	11:12
2016	1	10	01:31				

源自：https://www.fourmilab.ch/earthview/pacalc.html

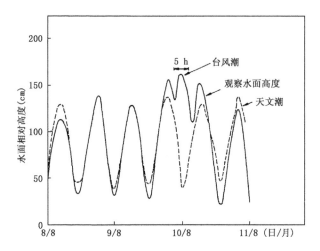

图 2-12 长岛 Shinnecock Inlet 附近的观测海平面高度和预测的
天文潮位与飓风风暴潮(Sethuraman，1979)

2.3 本章小结

本章以 1522"彩虹"强台风生消演变过程的路径和核心参数为主要线索，详细分析了期间大气环流背景，对比分析了多年海温场、大气背景场和地月引力的影响及影响局地强对流发展的气象条件。

(1)在"彩虹"台风向西北方向移动过程中,其右上侧的副热带高压一直稳定存在,并且副高中心 592 线逐步向西南方压伸,所以台风沿高压中心西南侧逐步向西北方向发展。

(2)南海中东部及菲律宾以东附近洋面和 50 m 深的浅层海水平均温度超过 28℃,其上空 100 hPa 处有低于−80℃低温区域,"下热上冷"的不稳定结构,台风移动路径海域 2015 年 9 月平均海温>30℃,有利于台风的生成和维持。

(3)天文大潮有利于"彩虹"台风的加强。在 1522"彩虹"台风登陆前,从地月距离来看,2015 年 9 月 28 日 09:47 地球和月亮中心间距最小为 356876 km,该距离是 2015 年中距离地球最近距离,且达到近几年最小值,地月之间的万有引力达到地月引力最大值,而此时只比满月时间早了 1 h,因此有利于"彩虹"台风后期的发展生成。

第 3 章

螺旋雨带内致灾中尺度系统统计及相关机理分析

3.1　引言

2015 年 10 月 3 日 08 时—6 日 08 时(北京时,BT)强台风"彩虹"移动发展过程中,其外围雨带的对流系统演变包含了大量强对流单体,给所经之处带来了龙卷及强对流天气,造成了一定的人员伤亡和经济损失。为何龙卷及强对流发生在远离台风中心的螺旋雨带中?通常台风的螺旋雨带由对流云和层状云构成,在雨带上风端的云系主要是对流性的,螺旋雨带中对流单体的演变展现了台风雨带的运动轨迹和能量变化(寿绍文,2003;陈联寿,2010)。俞小鼎等(2006)研究指出,多普勒雷达径向速度资料可以发现,在强对流单体系列演变中存在直径 20~50 km 的中尺度气旋(当发生龙卷时,常被称为龙卷母云),其中存在着 2~4 km 的龙卷涡旋(TVS—Tornado Vortex Signature)和有时"镶嵌"在 TVS 中的通常直径仅有几十至几百米的龙卷。中尺度气旋所在风暴单体比一般对流风暴具有更大的旋转速度、更强的速度方位切变、更长的维持时间和更加深厚的垂直伸展尺度,会造成更强烈的气象灾害和损失。

国内外学者对台风外围雨带及其中的强对流系统、中气旋和龙卷等进行了研究。在动力热力机制方面,相关研究指出,在台风登陆前台风的外围螺旋雨带中的中尺度涡旋和衍生龙卷的超级单体会在海岸线附近增强并衍生龙卷,从而揭示出斜压边界层能增强低层水平涡度,进而增强所经超级单体内的上升旋转。但是,在台风登陆一段距离后衍生龙卷的超级单体会迅速减弱,这也显示出存在一个拥有适合龙卷衍生的风切变和浮力的狭窄的海岸线区域(Benjamin 等,2011;Todd 等,2013)。相关研究在雷达资料统计分析方面,显示出像径向速度(V)、反射率(R)、风暴结构(SS)、垂直液态水含量(VIL)、中气旋(M)等雷达观测产品能够被成功地用来进行监测和估计强回波、中气旋、对流单体、飑线、风切变、冰雹、大风和短时强降水等(伍志方等,2004;朱君鉴等,2005;方翀等,2007;冯晋勤等,2010;周海光,2010;郑峰等,2010;周小刚等,2012;张一平,2012;郑媛媛等,2015),同时也可以有利于对以上天气系统的结构、强度、动力和热力演化机制等的观测和分析(赵坤等,2007;Matthew 等,2009;Onderlinde 等,2014)。随着数值模式的发展,数值模拟已经被广泛应用于分析台风的动力、热力和结构演化机制机理(Glen 等,1995;王勇等,2008;丁治英,2009),包括雨带和气旋的形成演化机制、地形对台风的影响等方面(Daniel,2007;Li 等,2012)。

本章利用"彩虹"强台风发生期间,远离台风中心的外围雨带所经地汕尾和广州两部 CINRAD/SA 雷达数据、NCEP 资料、常规探空资料和局地自动站资料,对发生在两地的强雷暴单体进行识别和统计。通过分析衍生龙卷的强对流单体、中尺度气旋(即龙卷母云)和龙卷涡旋的相关特征参数,来深入认识强台风螺旋雨带中的强对流、中气旋、龙卷等的演变特征和形成机理,从而为应对致灾性天气、防灾减灾提供参考依据。

3.2　螺旋雨带内致灾中尺度系统统计分析

3.2.1　致灾螺旋雨带分布

在"彩虹"移动过程中,外围螺旋雨带出现了大量的强对流单体,其中有的发展成中尺度气旋,并且部分中尺度气旋还衍生了龙卷产生。汕尾水龙卷出现在"彩虹"台风登陆前 10 月 4 日

10 时(BT)前后,4 日 10 时华南雷达拼图(图 3-1a)显示,在汕尾以南 20 km 及以外有两条强反射率回波带,强度达到 55 dBZ,其中最强一条距离汕尾更近,此回波带距台风中心约 500 km;广州陆龙卷发生在台风登陆后 15:30—16:00(BT)左右,4 日 16 时华南雷达拼图(图 3-1b)显示在香港—广州一线有一条强回波带,距离台风中心约 350 km。水龙卷出现在台风登陆前的加强阶段,陆龙卷则发生在台风登陆后即将减弱的阶段,龙卷都出现在台风中心的东北象限(即台风移动方向的右侧)与 Mcaul(1981)、郑媛媛等(2015)统计结果一致。

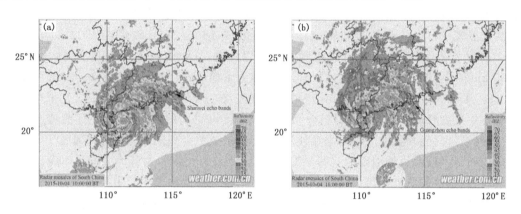

图 3-1 2015 年 10 月 4 日(a)08:00 BT 华南雷达拼图和(b)16:00 BT 华南雷达拼图

3.2.2 致灾中尺度系统分布

强天气过程中出现中尺度气旋往往意味着有强烈的对流存在,同时,大约 10%～15% 的中尺度气旋里面的龙卷涡旋会有龙卷产生(Robert,1998)。多普勒雷达的径向速度有助于识别中尺度气旋和龙卷涡旋(张培昌,2001)。此次"彩虹"强台风过程中,广州和汕尾多普勒雷达监测台风外围螺旋雨带中出现中气旋产品分别为 217 次和 135 次,并且累计发出龙卷预警信号产品数百次。由图 3-2a 广州、汕尾雷达监测中气旋产品位置分布可见,汕尾雷达监测的强对流主要发生在雷达站西南侧的长 100 km、宽 60 km 的带状区域,广州雷达监测的强对流主要发生在经过雷达站东南—西北方向长 150 km、宽 70 km 区域。汕尾中气旋监测产品出现在 3 日 22:30—4 日 19:00(BT)左右,广州中气旋监测产品出现在 4 日 3:30—5 日 15:00(BT)左右,这与"彩虹"外围螺旋雨带先影响汕尾后影响广州实况相符合。根据目击和事后灾害评估检查确认,至少存在 3 次明显的龙卷过程:汕尾海丰鲘门水龙卷、佛山顺德陆龙卷和广州番禺陆龙卷。由图 3-2b 可见,三个强对流都是东南—西北方向的路径。汕尾龙卷所在强对流风暴结构产品(storm structure)移动路径最短,约 80 km,其在雷达监测距离 100 km 以内产生,并在 50 km 内加强成长为携带中气旋的强对流,在距离海岸 10～20 km 左右产生龙卷,此时强对流离雷达站直线距离最近。佛山顺德龙卷所在强对流出现在雷达方位角 170°130 km 附近,在距离雷达 70 km 左右方位角为 175°成长为携带中气旋的强对流,并持续向西北移动到 300°附近 70 km 之后,其所携带的中气旋特征消失,路径全程接近 200 km。顺德龙卷涡旋产生在强对流携带中气旋特征后约 30 km 距离圈内,从西南向东北方向移动,造成了极大的破坏力。番禺龙卷所在强对流的移动距离超过 200 km,其携带中尺度气旋特征阶段出现在距离雷达测站 60 km 左右,之后在距离雷达站 20 km 左右龙卷涡旋落地,并从番禺雷达站东侧最近距离

4.2 km 处向西北方向移过,造成了番禺地区大范围停电。值得注意的是,该强对流在移向并通过番禺雷达站附近时,因为距离过近,观测有盲区,造成雷达对其中气旋和龙卷涡旋的识别丢失,通过仔细分析雷达速度、强度、组合切变等产品数据及受灾实况,将其订正补全。

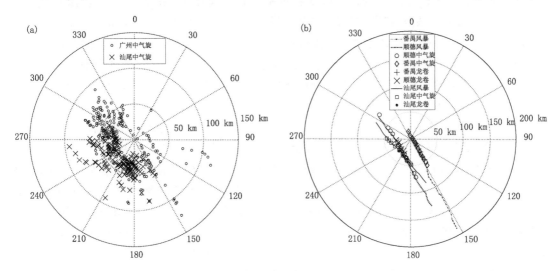

图 3-2　2015 年 10 月 3—5 日(a)广州汕尾雷达监测中气旋次数分布和(b)广州汕尾 3 次龙卷及所在的龙卷风暴(母云)、中气旋移动轨迹

3.2.3　受灾地中尺度系统参数统计

根据目击和事后检查确认,至少存在 3 次明显的龙卷过程:汕尾海丰鲘门水龙卷、佛山顺德陆龙卷和广州番禺陆龙卷。因此,着重对此 3 次龙卷过程中产生龙卷的强对流演变、中气旋、龙卷涡旋的相关特征进行深入分析。利用广州、汕尾多普勒雷达数据对 3 日 08 时—6 日 08 时期间"彩虹"螺旋雨带中的中气旋产品进行了统计(表 3-1),按照中气旋指标认真核查了

表 3-1　2015 年 10 月 3—5 日 1522"彩虹"台风外围螺旋雨带中龙卷致灾地中尺度气旋统计表

雷达站名	识别中气旋(次)	特征类型	识别数量(次)	AZ DEG	RAN (km)	BASE (km)	TOP (km)	HGT (km)	DIAMRAD (km)	DIMAAZ (km)	SHEAR 10^{-3}/s
广州	中气旋(M) 217	UNC SHR	66	228.4	63.0	1.5	1.5	1.5	3.7	4.7	11.1
		3DC SHR	8	206.1	63.3	1.8	3.0	2.5	3.6	5.8	9.3
		MESO	143	254.7	42.5	1.1	2.4	1.7	4.0	4.3	12.5
汕尾	中气旋(M) 135	UNC SHR	30	226.8	51.4	1.5	1.5	1.5	4.0	4.9	8.5
		3DC SHR	5	200.2	69.6	1.8	3.1	1.8	2.8	5.2	12.6
		MESO	92	214.9	42.0	1.3	2.7	2.1	3.3	4.2	12.8

注:中尺度气旋(M)产品提供了有关和雷暴的涡旋存在和性质的信息。本产品是从传统的中气旋算法产生的输出。该产品提供了有关风暴中中气旋剪切的特征信息,包括:不相关的剪切(足够大的,对称的,但不是垂直相关);三维剪切区域(垂直相关,但不是对称)和中气旋(足够大,垂直相关,对称)。AZ(azimuth)雷达的方位角;RAN(range)距离雷达范围;BASE 中气旋底部高度;TOP 中气旋顶部高度;SHRHGT 中气旋切变最大高度;DIAMRAD(radial diameter)中气旋径向直径;DIAMAZ(azimuthal diameter)中气旋方位直径;SHEAR(wind shear)中气旋风切变值。

中气旋出现的时次,对于空报、漏报和特征类型错误进行了订正(Robert,1998;Samuel,2006)。广州和汕尾雷达数据中气旋算法对监测到的中气旋识别次数分别为387次和127次(包含非相关切变(UNCSHR)、三维相关切变(3DSHR)和中气旋(M)),经与反射率因子(R)、速度(V)、垂直积分液态水含量(VIL),风暴相对平均径向速度图(SRM)和风暴跟踪算法信息(STI)等产品参数对比核查,确定实际监测到中气旋产品分别为217次(广州)和135次(汕尾)。

由表3-1两站雷达监测到的中气旋次数统计数据可见,在两地中气旋发展过程中呈现非相关切变和中气旋两种类型回波占近95%,三维相关切变仅占5%左右。其中两站非相关切变和三维相关切变的平均方位角相近分别位于雷达站的230°和200°附近,而中气旋(M)时的平均方位角广州站为250°,汕尾站为210°左右。两站监测到非相关切变和三维相关切变的平均距离都在50~70 km左右,监测到的中气旋产品的平均距离约为42 km左右,距离相对较近,可能与强风暴与雷达距离有关。从中气旋不同阶段高度特征来看,在识别为非相关切变时两站平均底高、顶高和切变最大高度数值相同,都为1.5 km;在识别为三维相关切变时,广州平均底高在1.8 km,顶高在3 km,切变高度在2.5 km,汕尾地区平均底高和切变高度在1.8 km,顶高在3.1 km,并且汕尾切变高度比广州地区的低约0.7 km;在识别为中气旋时,广州地区平均底高在1.1 km,顶高在2.4 km,切变高度在1.7 km,汕尾地区平均底高在1.3 km,顶高在2.7 km,切变高度在2.1 km左右,汕尾地区平均底高、顶高和切变高度比广州地区的分别高0.2 km、0.3 km、0.4 km。从识别涡旋的径向直径和切向直径来看,两站的径向直径在三阶段的值有大—小—大变化,而切向直径则是小—大—小的变化;从风切变值来看两站的风切变强度都在0.01/s左右,中气旋阶段最大,非相关切变和三维相关切变相对略小,其中三维相关切变的数量较少,代表性不够。

3.2.4　衍生龙卷的中尺度系统参数演变

伴随着台风外围螺旋雨带的移动,产生龙卷的强对流、中气旋和龙卷涡旋在发展移动过程中相关参数也有相应的演化发展(图3-3)。由图3-3(a1,b1,c1)可知,在3个强对流的演变过程中,最强回波值(MAXDBZ)都达到50 dBZ以上,其中汕尾强对流强回波接近60 dBZ,回波最大值有先略升后略降的趋势,在龙卷发生时达到最高值。3个强对流的底高(MAXBASE)都在龙卷发生过程中达到最低值,之前呈下降趋势,之后呈上升趋势,汕尾和顺德龙卷所在强对流的最小值在0.3 km,而番禺龙卷所在强对流底高仅0.1 km,这可能与强对流距离雷达站远近有关。强对流顶高在汕尾可达10 km的高度,在顺德可达7.5 km左右,在番禺达到9 km以上。对比顶高和龙卷涡旋的关系,云顶高度相对大值的突然持续降低,在其之后的30分钟左右将会有龙卷出现。三个强对流中的垂直累计液态水含量在龙卷涡旋发生前都呈波动增长趋势,龙卷发生前后呈急剧下降,最高值在衍生汕尾水龙卷的强对流中超过40 kg/m²,在顺德和番禺两地最大值为30 kg/m²左右。最大回波值的高度(MAXDBZHGT)与垂直液态水含量(VIL)有较好的变化一致性。由图3-3(a2,b2,c2)可知,中气旋的底高比其相应的强对流要高,汕尾底高一直在1 km左右,顺德最低在0.5 km左右,番禺最低在0.8 km左右。中尺度涡旋的顶高不到产生它的强对流顶高的一半,汕尾和顺德的顶高在3 km左右,而番禺的顶高最大值超过4 km,比周小刚等(2012)统计的结果要略高些。最大风切变(MAXSHEAR)在龙卷发生期间会有相对大值,在汕尾最大切变值达0.02/s以上,顺德的风切变值达0.05/s,番禺的大值接近0.02/s,与周小刚等(2012)统计结果接近,并且风切变高度在龙卷发生后下降。

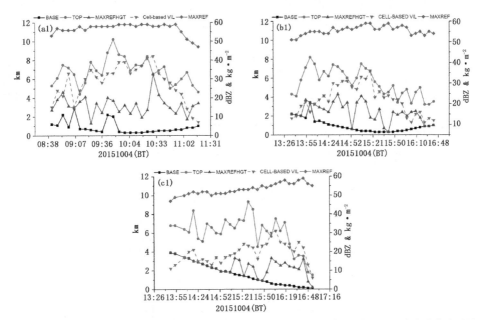

图 3-3(a1,b1,c1)　2015 年 10 月 4 日汕尾(a1)、佛山顺德(b1)和广州番禺(c1)致灾的龙卷所在
强对流风暴的参数演变

注:本产品是从传统的中气旋算法产生的输出。该产品提供了有关强对流风暴的特征信息包括:BASE(底部高度)(km),
TOP(顶部高度)(km),MAXREFHGT(最大反射率高度)(km),CELL-BASED VIL(自风暴底部开始计算的液态水含量)
(kg m⁻²),MAXREF(最大反射率)(dBZ)

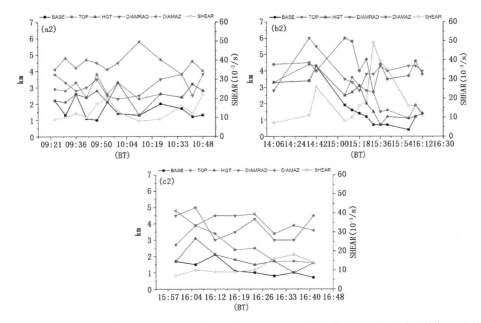

图 3-3(a2,b2,c2)　2015 年 10 月 4 日汕尾(a2)、佛山顺德(b2)和广州番禺(c2)致灾的龙卷所在
中气旋的参数演变

注:本产品是从传统的中气旋算法产生的输出。该产品提供了有关风暴中中气旋剪切的特征信息包括:BASE(底部高
度)(km),TOP(顶部高度)(km),HGT(最大风切变高度)(km),DIAMRAD(径向直径)(km),DIAMAZ(切向直径)
(km),SHEAR(最大切向风切变)(s⁻¹)

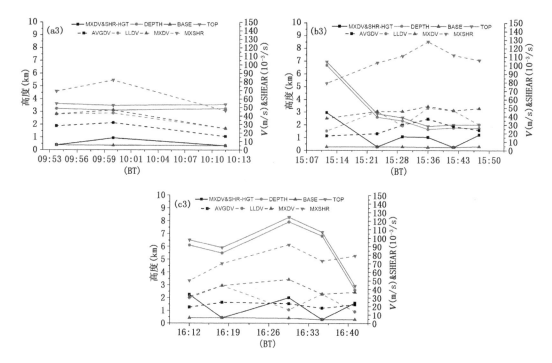

图 3-3(a3,b3,c3)　2015 年 10 月 4 日汕尾(a3)、佛山顺德(b3)和广州番禺(c3)致灾的龙卷的参数演变

注:本产品是从传统的中气旋算法产生的输出。该产品提供了有关风暴中中气旋剪切的特征信息包括:BASE(底部高度)(km),TOP(顶部高度)(km),DEPTH 3D 特征的龙卷涡旋深度(km),AVGDV(平均速度差)(m/s),LLDV 低层速度差(m/s),MXDV(最大速度差)(m/s),MXSHR(最大且行风切变)(s⁻¹)(下同)

由图 3-3(a3,b3,c3)龙卷涡旋发生时的参数可知,汕尾水龙卷风切变最大值达 0.08/s,顺德龙卷的风切变值在 0.11/s,最大约 0.13/s,番禺龙卷的风切变值比顺德的小,最强达到 0.09/s。平均速度差(AVGDV)、低层速度差(LLDV)在龙卷发生前后都有一个"先增加后减少"的变化。但如果之后时次母体风暴和中气旋再次加强,则后续发生龙卷可能性加大,相应的速度差值会增大。

上述强对流、中气旋和龙卷涡旋的特例分析来看,母体风暴的"加强—减弱—加强"的不同阶段变化,对其携带的中气旋的强度发展有直接的影响,龙卷涡旋发生在中气旋的风切变出现大值之后。

3.3　台风外围螺旋雨带内强对流产生的可能机理分析

众所周知,一个成熟的台风在外形上接近环状,其低层的水平结构可以分成三部分:台风眼,眼壁和外围螺旋雨带。台风中心近乎无云无风区被称为台风眼,其直径约 5～30 km。在台风眼之外是由强烈风暴组成的眼壁,厚度约 10～30 km,由向风暴中心且呈上升发展的暖空气组成,这里会有最强的风和雨。台风的眼壁外围是向着眼区移动的螺旋雨带,这些螺旋雨带能够衍生强降水和强风(有时会衍生龙卷)。有时,在雨带间的空隙处却没有雨。伴随着台风或者热带风暴的外围雨带自中心向外延伸半径通常为 100～1000 km(朱乾根等,2000;张培昌等,2000;Kossin et al,2004;Barnes et al,2014)。一般来说,最强的风、最大的雨和深对流雷暴都是在眼壁内找到,从而使得眼壁是台风系统里面最危险的部分。然而,大部分的灾害经常发生在远离台风眼和眼壁的外围螺旋雨带中,相关研究却主要关注的是从台风眼到眼壁之间(在径向上不超过 200 km)的风速变化,这种变化可以用 Rankine 模型(或改进 Rankine 模型)(Black et al,1992;Mallen et al,2005;Sitkowski et al,2011)。鉴于以上原因,在本研究中台风眼和台风云墙区域被认为是一个整体,共同称之为台风系统的核心区域,而将更多关注距离"彩虹"台风中心约 150~800 km 的外围螺旋雨带的风速变化。以"彩虹"台风为例,在台风的移动过程中,伴随其外的是多条外围螺旋雨带的生消发展。但是,为什么大多数灾害通常发生在远离台风核心区域的有强烈对流、中气旋和龙卷涡旋的强风暴区域? 类似地在对沙尘暴、龙卷、中气旋和台风的实际观测中也都出现了同一种现象:切向风速从内核开始在一定距离内呈现随距离增大风速增强的特征,但当半径距离达到某一个阈值,此时切向风速达到最大,之后随半径的增大而逐渐减小至消失。Rankine(1882)较早地对该类问题建立了相应的涡旋速度模型(Rankine Vortex Model)(图 3-4a),具有环流为 Γ,半径为 R 的 Rankine 涡旋其切向速度公式如下:

$$\mu_\theta(r) = \begin{cases} \Gamma r/2\pi R^2 & r \leqslant R \\ \Gamma/2\pi r & r > R \end{cases} \tag{3-1}$$

Rankine 涡旋模型作为一种诊断工具被广泛应用于分析并解释所观察到的切向风、压力、能量等物理量结构,并且在多个领域如流体力学、建筑力学、空气动力学中被实践研究和改进(Cantor et al,2006;Lee et al,2005;甘文举等,2009;Inoue et al,2011;Tanamachi et al,2013)。

由 3 日 20 时(北京时)的华南雷达拼图和"彩虹"台风系统中下层全风速场图(图 3-4b)可知,此时"彩虹"台风中心位于 19.4°N,113.5°E,中心气压为 965hPa,中心最大风速为 38 m/s,并且由日本气象厅提供的"彩虹"台风位置表中的强风区域距离可知为非对称型台风(表3-2)。在 700 hPa,在台风核心区域的外侧切向风速约 16~18 m/s,但是从核心区域向东北方向约 150 km 和向南约 500 km 的地方风速都达到了 24~26 m/s(图略),也就是随着距离在两个方向上的增加,风速也在增大。在 850 hPa,在台风核心区域的外侧切向风速约 18 m/s,但是从核心区域向北约 200 km 的风速增大到 20 m/s,从中心区域向南约 500 km 的风速增大到约 24 m/s,都显示了随着距离的增大风速相应增加的特征。4 日 8 时(北京时)的华南雷达拼图和"彩虹"台风中下层全风速场图(图 3-4c)显示,此时"彩虹"台风中心位于 20.4°N,111.6°E,中心气压为 950 hPa,中心最大风速为 48 m/s。在 925 hPa,台风核心区域的外侧边缘切向风速约 10~12 m/s,但是从核心区域向东北方向约 300 km 的地方风速约 20 m/s,从台风中心向南约 500 km 的地方风速也达到了 20 m/s。在 850 hPa,在台风核心区域的外侧边缘切向风速约 16 m/s,但是从核心区域向北约 200 km 的风速增大到 24~26 m/s,从中心区域向南约 600 km 的风速增大到约 20 m/s,也显示了随着距离的增大风速相应增加的特征。图 3-4d 是 4 日 20 时(北京时)的华南地区雷达拼图和"彩虹"台风中下层全风速场图,此时"彩虹"台风中心位于 21.9°N,109.5°E,中心气压为 980 hPa,中心最大风速为 33 m/s。在 700 hPa,在台风核心区域的外侧切向风速约 12 m/s,但是从核心区域向东北方向约350 km 的地方风速约 26 m/s,风速随着半径的增大而增大。在 850 hPa,在台风核心区域的外侧切向风速约 16 m/s,但是从核心区域向西约 200 km 的风速增大到 24~26 m/s,从中心区域向东约 300 km 的风速增大到约 24 m/s,且随着距离的增大风速相应增加。

表 3-2　2015 年日本气象厅记录"彩虹"台风的位置表

日本时 月	日	时	中心纬度 °N	中心经度 °E	中心气压 hPa	最大风速 m/s	暴风域半径 km	强风域半径 km	台风强度
10	1	03	12.6	126.4	1008	—	—	—	热带低气压发生
		09	13.9	125.2	1008	—	—	SE：300 NW：190	
		15	14.5	123.8	1006	—	—	—	
		21	15.2	122.7	1002	18	—	130	—
10	2	03	15.8	121.3	998	20	—	170	
		09	16.4	120.1	998	20	—	170	
		15	16.5	118.9	996	23	—	220	
		21	16.9	117.8	990	25	—	SE：300 NW190	
10	3	03	17.7	116.6	985	30	70	SE：300 NW：190	—
		09	18.5	115.5	985	30	70	SE：370 NW：190	—
		15	18.9	114.4	985	30	70	300	—
		21	19.5	113.4	975	35	90	310	强
10	4	03	19.7	112.2	965	40	90	E：390 W：310	强
		09	20.5	111.5	950	45	110	E：440 W：280	非常强
		15	21.3	110.4	950	45	110	E：440 W：280	非常强
		21	21.9	109.6	970	35	90	E：390 W：220	强
10	5	03	22.6	108.8	990	25	—	E：330 W：170	
		09	23.6	108.2	1008	—	—	—	变成热带低气压消失
		15							

(源自 http://www.data.jma.go.jp/fcd/yoho/data/typhoon/T1522.pdf)

　　从上面的分析中,可以得出如下结论:从台风内核区(台风眼和台风眼壁组成)开始随着半径 R 的增大,在螺旋雨带中的风速逐渐增加。当某个阈值距离 R 达到后,风速随着距离的继续增大而减小。这种现象确如 Rankine Vortex Model 所抽象概括的一样。台风外围螺旋雨带中的风速随距离的增加先增大后减小的现象可用 Rankine 涡旋模型进行概括展现(图 3-4e),这种情况也与 Chen 等(2013)对 Rankine 涡旋的数值模拟结果相一致。"彩虹"台风外围螺旋雨带中的中气旋和龙卷涡旋的切向速度分布也可以用 Rankine 涡旋模型进行解释(图 3-4f),15:30(北京时),佛山龙卷发生在距离广州雷达站的 224.6° 25.3 km 处,由雷达监测的 2.4° 仰角相应的离地高度为 1.2 km 的中气旋及龙卷产品图可见,黑色圆圈为雷达识别的中气旋,其中心黑色倒三角形为识别的龙卷涡旋的位置。以龙卷涡旋标志为中心的速度绝对值先逐步向两侧由 5 m/s 增大到 27 m/s 以上,实际负速度最大值为 −30 m/s,正速度为 38 m/s,则两点间距离约为 2 km,其最大转动速度平均值为 34 m/s。在该位置的同一时刻 0.5° 仰角相应的离地面高度为 0.4 km,强速度对中心有速度数据缺测点,最大入流速度为 −30 m/s,最大出流速度为 33 m/s,最大转动速度平均值为 31.5 m/s,对照中尺度气旋速度指标可知为强中气旋(Wood et al,1977;Wurman et al,2000;Wurman,2002;Wurman et al,2005)。两个仰角的速度分布显示速度在最大速度值半径以内随着距离增大而增大,在最大速度值半径以外的距离上速度值逐渐减小,符合 Rankine 涡旋模型理论。由此可见,本次"彩虹"台风过程中外围强雨带的产生原因及中气旋的形态都可以通过 Ranking 涡旋模型进行解释。

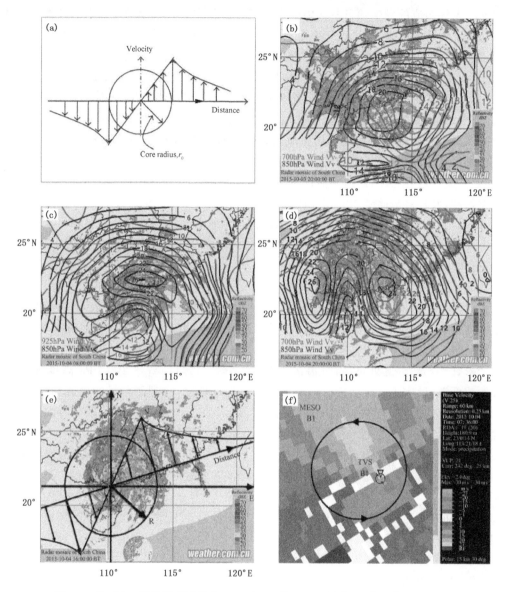

图 3-4 Rankine 涡旋模型及其在 2015 年 10 月 3—4 日"彩虹"台风中的对比验证
(a)Rankine 涡旋模型(b)3 日 20 时的华南雷达拼图和风速场(700 hPa 和 850 hPa,单位 m/s)(c)4 日 08 时的华南雷达拼图和风速场(850 hPa 和 925 hPa,单位 m/s)(d)4 日 20 时的华南雷达拼图和风速场(700 hPa 和 850 hPa,单位 m/s)(e)4 日 16 时的华南雷达拼图和 Rankine 涡旋模型对"彩虹"台风的概略图(f)4 日 15:36 雷达监测的顺德中气旋速度图(拼图来自中国气象局)

中尺度气旋和龙卷涡旋的形成可以用大气边界动力学的湍流理论进行较合理的详细解释。地球表面附近的大气边界层平均厚度约 1 km,其包含的大气应视为黏滞流体且具有明显的湍流特征(Roland,1991;余志豪等,2004)。由边界层流体力学性质结合雷诺(Reynolds,1895)、理查孙(Lewis Fry Richardson,1910)和普朗特(Prandtl,1952)相关理论和实验可知,对于黏滞流体,湍流的发生取决于流场的雷诺数 Re(流体上惯性力和黏性力的无量纲比值),当流体中发生扰动时,惯性力的作用是使扰动从主流中获取能量,而黏性力的作用则是使扰动受到阻尼。大气湍流的发生须具备必要的大雷诺数及相应的动力学和热力学的条件。风速切变是扰动产生的动力因素,当风速切变足够大时,可使波动不稳定,形成湍流运动。温度分布不均匀,是影响大气湍流的热力因素。当温度的水平分布不均匀,斜压性不稳定,大气动力不稳定,大气扰动较强,水平风速及其切变很大,这些因素都对湍流的生成和发展有利。并且,大气湍流运动是由各种尺度的涡旋连续分布叠加而成。由于涡旋的彼此拉伸机制,使涡由大变为略小、较小、更小的各种尺寸的涡。涡的旋转能量随之由大涡逐级传递给次小尺度涡旋,直到最小的涡旋上黏性应力直接起作用把旋转动能转变为热能或机械能而耗散掉。针对本次"彩虹"台风可知,当中尺度气旋和龙卷涡旋产生时,外围螺旋雨带中强对流底高在 1 km 及以下附近,处在大气边界层中,此时螺旋雨带位于 Rankine 理论切向风速最大半径处,风切变提供了动力条件,并且自地面到 100 hPa 的约 110℃下热上冷的温度垂直不均匀分布提供了热力条件,使得扰动不稳定发生形成湍流运动,进而形成强台风螺旋雨带中的各种尺度的涡旋。

3.4　本章小结

晚秋登陆中国的外围雨带衍生龙卷的致灾性的强台风是比较少有的,因此,需要对其进行进一步的分析。在通过对"彩虹"超强台风期间的天气形势和外围雨带中强对流单体、中气旋和龙卷等的雷达监测资料分析,初步得到如下结论:

(1)"彩虹"台风生成期间,附近海表温度持续高于 28℃,高空 100 hPa 高度场有低于 −80℃ 的超低温,形成了下暖上冷的强烈不稳定的温度梯度,有利于台风的生成和持续加强。副高稳定在南海东北部,其中心脊线在 24°N 附近稳定少动,因此台风沿着副高西南边缘自东南向西北移动。

(2)台风在近海加强过程中距离其中心 500 km 左右的外围强螺旋雨带在汕尾沿海产生多个中气旋,并在海上有水龙卷发生。在登陆后即将减弱过程中在佛山顺德和广州番禺两地产生了陆龙卷。

(3)汕尾和广州两雷达站监测的强对流时间空间分布与两站所处台风外围螺旋雨带的分布有很密切的对应关系。汕尾雷达监测的强对流主要发生在雷达站西南侧的长 100 km、宽 60 km 的带状区域,广州雷达监测的强对流主要发生在经过雷达站中心东南西北向长 150 km、宽 70 km 区域。

(4)携带中气旋的强对流在发展加强过程中,其底部伴随中气旋的生成加强越来越低,当龙卷发生时强对流底部达到最低值,之后云底高度开始升高。云顶高度至少会在龙卷发生 30 min 前有个持续下降的过程,可以作为对强灾害气旋发生的预警指标。强对流和中气旋在发展移动过程中有强度的变化,呈现"生成—加强—减弱—加强—减弱—消散"的生命形态。

(5)利用中尺度涡旋的 Rankine 速度剖面模型,可以揭示 10 月 4 日汕尾及广州都处于台风涡旋的最大切向速度的半径范围附近,最大切向速度为该地区的强台风"彩虹"的外围螺旋雨带成为强回波带并发生的强对流及龙卷提供了强的风切变和热动力条件。汕尾距离台风中心更远,在上午 10 时左右已经达到了强风速,所以先出现水龙卷;广州比汕尾离台风中心近,台风登陆后由于地面摩擦(冀春晓等,2007),垂直风切变加强,所以 15:30 出现陆龙卷。

第 4 章

衍生龙卷的超级单体谱宽和速度演变特征分析

4.1　引言

衍生龙卷的超级单体是中小尺度天气系统中具有超高能量的强风暴。"彩虹"强台风作为少有的晚秋强台风于 2015 年 10 月 4 日 14:10(北京时,下同)在广东湛江登陆,登陆前后在其右前象限距离台风中心 300～400 km 远处的螺旋雨带中形成了多个对流单体风暴,其中至少有 3 个增强为超级单体并衍生 3 个龙卷——汕尾水龙卷、佛山陆龙卷和番禺陆龙卷,特别是陆龙卷在广州佛山和番禺造成了强致灾性的破坏。据统计,该台风过程在广东省造成人员死亡11 人,失踪 4 人,累积受灾人口 350 余万人,农作物受灾面积 28 余万公顷,直接经济损失逾230 亿元。由此可见,致灾性的强天气预报关系国计民生。揭示其演化结构和相关机理,有助于更好地预报此类灾害性天气的发生发展,可为防灾减灾提供精细化的决策依据。

超级单体作为强对流系统中单体发展的最强阶段特征,通常被定义为一个具有垂直速度和垂直涡度正(或负)且相关性较明显、持续时间较长和垂直高度深厚的中尺度气旋(或反气旋)结构的强对流单体(Weisman et al,1984)。近三十年来许多研究用多普勒雷达观测超级单体风场,统计正负速度差和风切变等特征(Donaldson,1970;Doswell,1996;Stumpf et al,1998;Bunkers et al,2009)。在超级单体个例分析方面,研究主要集中在天气背景、回波结构、旋转速度、垂直风切变值和衍生龙卷的演变等参数及其与经典超级单体模型的对比,揭示了单个超级单体或若干超级单体发展演变的特征(Kennedy,1993;俞小鼎等,2006;姚叶青等,2007;French et al,2008;Bluestein,2009;郑媛媛等,2015;Houser et al,2015)。在超级单体数据集的对比分析方面,主要是集中在超级单体风暴的时空分布、移动方向、生命史长度、结构特征、中气旋旋转速度大小、回波顶和底的高度、伸长厚度、风暴螺旋度以及切变值等特征量的统计分析,给出相应的参考指标(Bunkers,2002;Kennedy et al,2007;刁秀广等,2009;伍志方等,2011;冯晋勤等,2012),并且对衍生龙卷超级单体和非龙卷超级单体风暴及其环境参数进行了统计分析,确定了有无衍生龙卷的超级单体的相关参数(周后福等,2014;吴俞,2015)。

随着探测手段的发展,对灾害性中小尺度天气过程的实时监测手段愈加丰富。多普勒天气雷达就是其中重要的工具之一,它具有良好的空间覆盖能力、较高的时空分辨率和丰富的探测产品。其回波信息包括反射率因子、径向速度(简称速度)和速度谱宽(简称谱宽)等基本数据以及其他反演的物理量产品等(张培昌等,2001;俞小鼎,2006)。目前国内对强对流天气的雷达资料分析,主要侧重于反射率因子和径向速度,还较少使用速度谱宽资料。因此,本章作为此项研究的第一部分,主要分析"彩虹"台风雨带中衍生龙卷和中尺度气旋的 3 个超级单体风暴的天气背景、谱宽和径向速度,以深入揭示晚秋登陆我国的强致灾台风螺旋雨带中超级单体风暴结构演变特征。

4.2　天气背景

4 日 08 时,"彩虹"台风位于南海北部并向西北方向移动。受台风雨带和副高西南边缘的共同影响,500 hPa 广东中东部有 20 m/s 的台风环流大风区。700 hPa 与广东相邻的西北部有干区,广东阳江以北至福建大部地区 24 h 降温超过 -3℃,有 28 m/s 的大风区。850 hPa 广东北侧有 13 g/kg 的高比湿区以及大于 16℃的高露点区,螺旋雨带在广东中部到广西东南部的环流风速为 28 m/s。925 hPa 广东西北部及广西北部有一辐合线,有一冷急流从广西方向由台风西部偏南流入台风中心,台风中心东北部有辐合大风区。地面图上(图 4-1a),12 h 前在广西北部至江西中南部冷空气南压,降温明显。24 h 变温与风场(图略)在湖南—江西—福建三省南部和广东北部之间存在切变。随着"彩虹"台风近海登陆,广西中北部和广东中北部为 3 h 显著增压区,两省(区)南部地区及海南省为 3 h 显著降压区。以台风外围螺旋雨带先到达的澳门探空站(站号 45004)4 日 08 时资料为例(图 4-1b),3 日 20 时湿层(相对湿度>80%)约在 9 km 以下高度,4 日 08 时湿层达到 10 km 高度(超过 300 hPa)。从 3 日 20 时到 4 日 08 时,汕尾对流有效位能 CAPE 的值约在 1240～1420 左右,广州的值约在 720～810 左右。4 日 08 时 1000～925 hPa 风切变增强至 0.0241/s,中低层以东南风为主且风速随高度增大,925 hPa 东南偏东风 24 m/s,至 500 hPa 风速增加到 30 m/s。由汕尾水龙卷超级单体风暴移经的小漠镇自动站(站号 6601824)逐小时观测资料可见(图 4-1c),10—11 时超级单体经过时风向转换近 180°,雨强为 44 mm/h,属于强降水超级单体,同样,衍生顺德陆龙卷和番禺陆龙卷的超级单体小时雨强分别为 20 mm 和 33 mm。由汕尾地区 4 日 08 时散度场(图 4-1d,龙卷发生地为图中黑线所标)可见,在汕尾龙卷发生前 2 h,该地低层 1000～925 hPa 为辐合区,高层 300～200 hPa 为强辐散区,与高空环流形势相匹配。通过分析汕尾和广州两地的锋生函数、涡度、温度散度、比湿场和垂直速度等参数,发现该地发生龙卷前就已经处在有利于强对流触发的环境场中。

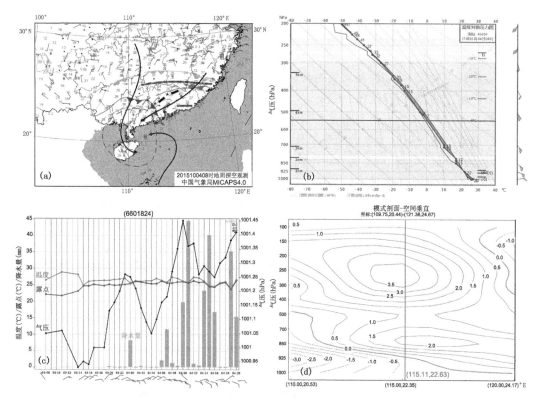

图 4-1　2015 年 10 月 4 日 08 时"彩虹"台风外围螺旋雨带(a)地面流场分析、(b)45004 探空图、(c)汕尾海丰龙卷附近 6601824 自动气象站、(d)汕尾上空散度空间分布(数据源自中国气象局)

4.3　衍生龙卷的超级单体谱宽演变特征

因为具有相对精细的监测尺度和时效,雷达是目前主要探测强灾害性天气和降水系统的主要手段之一(张培昌等,2001)。多普勒天气雷达与常规天气雷达的主要区别在于其可以测量目标物沿着雷达径向的速度,从而大大加强了天气雷达对各种天气系统特别是强对流天气系统的识别和预警能力(俞小鼎,2006)。多普勒雷达回波信息主要包括获取探测范围内相对精准的降水位置和强度的空间分布、降水区的风场信息降水粒子的径向速度(简称速度)和速度谱宽(简称谱宽)等基本数据以及其他反演的物理量参数。目前强降水事件的雷达资料,主要侧重反射率因子和径向速度,较少分析速度谱宽。因此,本节以谱宽、速度和反射率因子为序,分析"彩虹"台风外围雨带中产生龙卷和中尺度气旋的 3 个超级单体风暴。

谱宽在物理上是指雷达采样库里不同大小降水粒子经向速度的分散程度的量度,即径向速度的标准差。谱宽有两种估算方法,即直接估算与间接估算。其中间计算是求取返回信号的自相关,这与径向速度标准偏差有关。它也是与径向速度相同的脉冲数的平均值。多普勒雷达的速度谱宽表征着有效照射体积内不同大小的多普勒速度偏离其平均值的程度,实际上是由散射粒子具有不同的径向速度所引起的(张培昌等,2001)。影响速度谱宽的因子有四个:垂直方向上的风切变,由波束宽度引起的横向风效应,大气湍流运动和不同直径的降水粒子产生的下落末速度的不均匀分布。若每一项因子对于速度谱宽的贡献近似看作相互独立,则速度谱方差 σ_v^2 为各因子造成的方差之和,即:

$$\sigma_v^2 = \sigma_s^2 + \sigma_b^2 + \sigma_T^2 + \sigma_w^2 \tag{4-1}$$

σ_s^2 是垂直方向上的风切变造成的方差,σ_b^2 是由波束宽度引起的横向风效应造成的方差,σ_T^2 是大气湍流运动造成的方差,σ_w^2 是不同直径的降水粒子产生的下落末速度的不均匀分布造成的方差。葛润生(1989)在对 CAMS 多普勒天气雷达探测能力的估算研究中指出,多数情况下风切变对谱的展宽总计小于 0.224 m/s,其与由湍流引起的谱的展宽相比几乎可以忽略。耿建军和顾松山等(2007)在用谱宽资料分析晴空回波特征的探讨中指出,由于波束存在一定的水平宽度,与波束轴垂直的横向风在偏离轴线方向上就有径向分量。当雷达天线方向性图为高斯分布时,由波束宽度产生的谱宽 $\sigma_b = 0.42V\theta\sin\varphi$,当风速为 30 m/s 波束宽度为 1°时,由此产生的谱宽 σ_b 最大也只有 0.22 m/s,因此这一项对于总的谱宽贡献不大。当雷达水平探测时,天线仰角为 γ,在一定程度上谱宽 σ_w 与 $\sin\gamma$ 成正比。当 γ 角在 10°以内(本节分析中最大仰角为 9.9°),而暴雨的终极速度(收尾速度)约在 8~9 m/s,σ_w 的值不会超过 1.55 m/s,其与强风暴环境的 3~5 m/s 的谱宽背景值比较起来还是相对小值。

采样体积内目标物的速度离散程度即速度的变化,是估计速度方差的度量,是标量。本节主要研究"彩虹"外围螺旋雨带中强灾害性对流单体中谱宽包含了的强对流(湍流)、风切变和不均匀的粒子上升或下落造成的离散度大值。

等高平面位置显示(CAPPI),实际上是对某种标量资料由不同仰角不同距离上的资料经内插方法在某一相等高度平面上进行的标量展示。可以较方便分析该资料在某高度上的水平分布,便于和临近该高度的天气图分析相结合。用不同高度上的 CAPPI 数据还可以了解信息的三维结构(李柏,2011)。要得到某一高度上的速度谱宽,可以先设置好该高度上的网格,然后对不同仰角波束在探测不到的有些网格上,即波束空隙处,做相邻波束间的内插,这相当于插出了一些新波束,这样内插得到的速度谱宽虽然在同一等高面上,但它仍是某一径向上的值,物理意义比较清楚。

4.3.1　超级单体速度谱宽 CAPPI 的演化

3 个衍生龙卷的超级单体是伴随着"彩虹"台风外围螺旋雨带的移动发展而生成的。台风螺旋雨带是强对流单体的组合体,其背景场谱宽值约为 2~2.5 m/s,强对流单体的谱宽值约为 3~5 m/s。本节以衍生龙卷的强对流单体(中气旋位置)为中心,取上下左右各 25 km 的距离,对多普勒雷达数据进行处理后得到等高平面位置显示(CAPPI)图,以风暴增强龙卷孕育期、龙卷爆发期和龙卷消亡期为节点分析谱宽的演变特征。

4.3.1.1　汕尾海丰衍生龙卷超级单体谱宽变化

图 4-2 是 2015 年 10 月 4 日 08:42—10:06 汕尾雷达监测衍生水龙卷的强对流单体内谱宽时空演变 CAPPI 图(部分时次图略)。08:42 衍生汕尾海丰龙卷的强对流单体位于雷达方位 160°距离 86 km 处,发展成为最大反射率因子为 53 dBZ 的对流体,被雷达识别为单体结构。此时回波距离雷达较远在最低仰角的 1 km 高度,50 km×50 km 的范围内谱宽值为 2.0~4.5 m/s。单体中心在 3.0~3.5 km 高度,并有 3.5~7.0 m/s 的谱宽大值区,其右下侧局部 1.5~6 km 高度(6 km 及以上图略)有 3.5~8.0 m/s 的谱宽大值区。

风暴增强龙卷孕育期:08:54 该单体位于雷达方位 164°距离 72 km 处回波增强为 58 dBZ,谱宽最低出现在 0.5 km 高度上,0.5~1.0 km 高度上部有 5.0~8.0 m/s 的谱宽大值中心,2~7 km 高度上有较明显的约 3.5~7.0 m/s 大值中心。原右下侧的谱宽区减弱为 3.5~6.0 m/s 的谱宽区且面积减小,谱宽相对大值区在空间上有垂直方向增大现象。9:06 该单体位于雷达站方位 169°距离 62 km 处,最大反射率因子仍为 58 dBZ,在 0.5 km 高度 6.0~8.0 m/s 的谱宽大值区有所减小,距离风暴中心更近。在 1.0~4.5 km 的高度 3.5~7.0 m/s 的谱宽大值区面积增大,5 km 及以上高度中心谱宽大值区面积减小强度减弱,但 0.5~3.0 km 高度各层左下侧小区域有 8~10 m/s 及以上的强谱宽出现,整体上此时谱宽大值区有水平尺度增大且下传的趋势。此后 12 min 内,各层谱宽大值区面积有所收缩且强度有所减小,说明单体达到一定强度后呈相对稳定状态。9:18 该单体位于雷达方位 176°距离 52 km 处,0.5~3.0 km 高度各层左下侧有 8~10 m/s 及以上左右的强谱宽区面积明显扩大且上传到 3.5 km 高度,单体中心区域在各层谱宽面积减小强度降低,4.5 km 及以上强度最大值仅为 4.0 m/s。值得注意的是 0.5 km 高度中心右下侧 5~8 m/s 谱宽区域面积扩大,3.0~5.0 km 高度各层右下角有 5~6 m/s 的谱宽出较前 2 个体扫加强。09:24 衍生汕尾水龙卷的强对流单体位于雷达方位 180°距离 46 km 处,出现中气旋标志即增强为超级单体。此时在 1.0~4.0 km 各层 5~7 m/s 谱宽区域有增大且中心明显,单体中心附近区域各层大值区谱宽与 9:18 的近乎相同,约为 3~7 m/s。9:30 超级单体位于雷达方位 186°距离 42 km 处,在 2.0 km 波浪 5.0 km 高度上谱宽出现 8~10 m/s 及以上的明显增强区约 40 km²(PUP 色标最强谱宽为 12 m/s,3.4°附近,下同)。9:36 超级单体位于雷达方位 193°距离 38 km 处,其强谱宽区在垂直方向上下拓展,向上超过 5.5 km,向下达到 1.0 km,各层水平范围比前一体扫略有增大,2.5~5.0 km 各层谱宽面积增大明显,中心强度以 8~11 m/s 为主,并向中气旋中心移近。9:42 超级单体位于雷达方位 194°距离 37 km 处,强谱宽区在对流单体内的 1.0~4.5 km 高度各层进行水平方向的拓展,并且进一步聚拢在中气旋的右和右上侧方向,强度进一步增强,在 5.0 km 及以上各层的

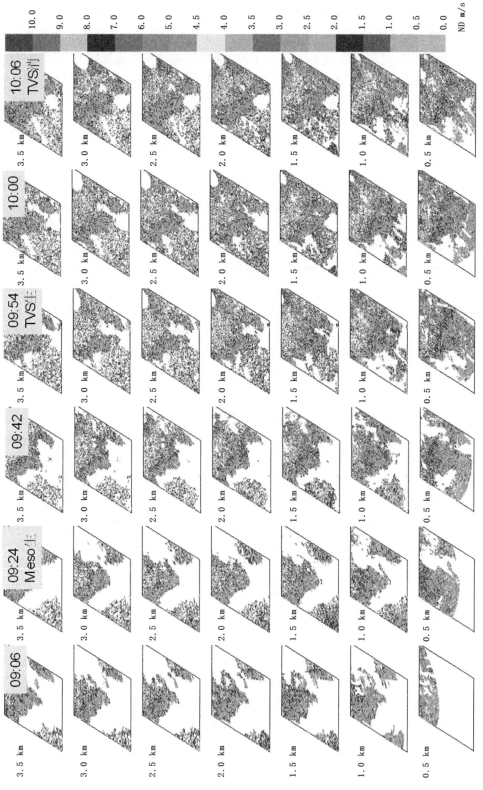

图 4-2　2015 年 10 月 4 日 08:54—10:06 汕尾雷达监测衍生水龙卷的强对流单体的谱宽时空演变 CAPPI 图（部分代表性时次局部放大）

强度和面积有所减弱,在 1.5～2.0 km 高度谱宽强度增强为 10 m/s 及以上(PUP 谱宽色标值在 13 m/s 及以上)区域水平尺度为 3 km²。9:48 超级单体位于雷达方位 201°距离 34 km 处,其谱宽大值区再次呈现明显下传特征,此时 0.5 km 高度的中气旋中心位置北部谱宽速度由原来的 2～4 m/s 转变为 7～10 m/s 及以上,1 km 高度谱宽增大增强>10 m/s(PUP 谱宽色标>13 m/s)。中高层 1.5～4.5 km 各层谱宽呈现强度增强>10 m/s(PUP 谱宽色标>13 m/s),面积有所减小,并且向中气旋右侧聚拢的特征。在 5.5 km 以上谱宽强度呈减弱趋势。

龙卷爆发期:在 09:54 超级单体位于雷达方位 211°距离 31 km 处,监测显示中气旋中有龙卷出现,此时中气旋特征直径尺度有所收缩。在 0.5 km 高度谱宽强度达到 10 m/s 以上(PUP 谱宽色标 10～13 m/s),强谱宽区域减小并集中在中气旋右下侧(观测区域范围内另一个强对流单体正在加强升级为携带中气旋的超级单体),1.0 km 高度强谱宽区集中在汕尾龙卷超级单体右侧,1.5～5.5 km 高度强谱宽区面积有所减小,谱宽强度开始减弱。10:00 超级单体位于雷达方位 219°距离 30 km 处,0.5 km 单体中心强谱宽面积继续增大,谱宽强度增强达 10 m/s 及以上(PUP 谱宽色标 10～13 m/s)。1.0 km 强谱宽面积减小,强度减弱为 8～11 m/s。1.5～5.5 km 等各层高度强谱宽仅剩下很小的 8～10 m/s 区域,主体转变为 2～6 m/s 的谱宽区。

龙卷消亡期:10:06—10:12 超级单体雷达反射因子大值区靠近汕尾海丰岸边,TVS 标志在 10:06 消失,中气旋在 10:12 略有减弱变为三维相关风切变,雷达监测显示两个体扫中在 0.5 km 高度的强谱宽区域开始减弱,1.0～1.5 km 高度仅剩很小区域的 8～10 m/s 谱宽,2.0～5.5 km 仅有很小区域的 5～7 m/s 谱宽。10:18 衍生汕尾海丰龙卷的强对流单体再次加强为携带中气旋的超级单体。

整体来看,衍生汕尾海丰水龙卷的超级单体发展演变期间,在中气旋和 TVS 出现前,谱宽大值区都会提前至少 24 分钟出现在 1～3.5 km 的高度层内,之后在此范围内水平空间增大强度增强,然后在垂直方向上下传递,向上达到 5.5 km 以上,向下达到 0.5 km,在谱宽强度加强维持 12～18 min 后,为中气旋和龙卷的发生发展蓄积和提供动能。在这之后,谱宽大值区主要呈中上层减弱、低层增强的特征,此时强对流单体增强为携带中气旋的超级单体,之后谱宽大值减弱超级单体进入稳定维持能量蓄积的状态。龙卷衍生前,谱宽大值先在空间水平尺度增强,之后空间垂直尺度扩大增强,最后在空间尺度上垂直下传过程中龙卷伴随中气旋发生,并且同时中气旋有加强收缩的特征。之后强谱宽在中上层消失殆尽,谱宽大值区主要维持在 0.5 km 及以下。

4.3.1.2　广州佛山衍生龙卷超级多单体谱宽变化

由 2015 年 10 月 4 日 13:36—16:12 时衍生佛山龙卷强对流单体速度谱宽时空演变CAPPI 图(图 4-3)。在 13:36 该对流单体位于雷达方位 162°距离 130 km 处,采样最低探测高度 1.5 km 位于雷达探测半径边缘取样区域左上角仅有约 2.0 m/s 的一小块区域,在 2.0～6.0 km 的高度可以看到中心位置存在约为 2.5～5 m/s 的谱宽大值区。

风暴增强龙卷孕育期:13:42 在 1.5 km 高度谱宽面积进一步增大,有 2.5～4.5 m/s 较大值的小区域中心存在,在 2.0～4.5 km 高度各层风暴中心位置出现 5～6 m/s 的谱宽大值区,并且 2.0～3.0 km 高度存在 6～7 m/s 的大值中心,3.0～4.5 km 高度中心强度增加到 5～6 m/s,5.0 km 以上区域强度较前一时刻无明显变化。13:48 在 1.5 km 高度谱宽相对大值区

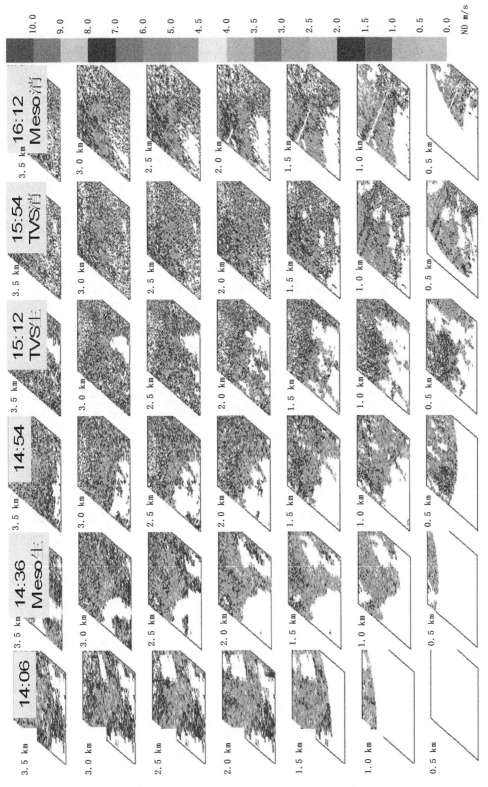

图4-3　2015年10月4日13:36—16:12广州雷达监测衍生佛山龙卷的强对流单体的谱宽时空演变CAPPI图

域进一步增大,略大于 625 km²,有 3.5～6 m/s 区域中心存在,在 2.0～6.5 km 高度风暴中心位置出现 5～7 m/s 的谱宽区,并且 2.0～.5 km 高度存在 7～8 m/s 的较强中心,3.0～6.5 km 高度中心强度增加到 5～7 m/s,7.0～8.0 km 以上中心强度出现 3.5～5 m/s 的增大变化,说明强对流单体中心区域谱宽强度进一步增大,并且向高层进行垂直扩展,各层大值区域水平面积几乎没有变化。13:54 在 1.5 km 高度谱宽区域增大,约 800 km²,有 3.5～7 m/s 区域中心存在,且局部有 9～10 m/s 强值。在 2.0～5.5 km 的高度上风暴中心位置出现 5～7 m/s 的谱宽大值区,并且 2.0～2.5 km 高度存在 9～10 m/s 的强中心,3.0～5.5 km 高度中心强度约 5～7 m/s,6.0～8.0 km 以上中心谱宽强度维持 3.5～5 m/s。以上各层谱宽相对大值区较前一体扫面积减小,说明强对流单体中心区域谱宽强度进一步增大,并且在中高层维持强度,低层强度增大,但所有各层强谱宽区域面积均减小。14:00 "彩虹"台风在湛江登陆,此时螺旋雨带中衍生顺德龙卷的强对流单体位于雷达方位 165°距离 105 km 处,其谱宽在 1.5 km 高度面积进一步增大,约 1200 km²,有 7～10 m/s 及以上明显的谱宽区域中心存在。在 2.0～3.5 km 高度单体中心位置出现 5～10 m/s 及以上的谱宽大值区,并且 2.0～3.5 km 存在 9～10 m/s 及以上的强中心。4.0 km 高度中心强度约 5～7 m/s,4.5～7.0 km 高度中心强度维持 3.5～5 m/s 的谱宽值,8.0 km 高度谱宽值降为 2～3 m/s。各层谱宽大值区面积较之前时刻增大,说明强对流单体中心区域谱宽强度进一步增大,谱宽在中高层维持减弱,低层强度增大,强谱宽区域存在垂直空间上的整体下传特征。14:06 该强对流单体即将发展成超级对流单体出现非相关切变中气旋特征。1.5 km 高度谱宽区域增大约为 1600 km²,有 7～10 m/s 及以上明显的谱宽区域中心存在。2.0～3.5 km 高度风暴中心位置出现 8～10 m/s 的谱宽大值区,并且存在 9～10 m/s 及以上的强中心。4.0～5.5 km 高度中心强度约 5～8 m/s,5.0～7.0 km 高度中心强度维持 3.5～6 m/s 的谱宽值,较前一体扫略有增强,8.0 km 高度谱宽值基本维持不变。各层谱宽大值区面积较前一体扫增大,说明伴随着谱宽强度的进一步增强和面积增大后,中气旋出现,谱宽值在 8.0 km 以下各层面积增大强度增强,且存在垂直空间的整体加强特征。此后 24 min 内,谱宽强度在该强对流单体内基本维持,整体达到相对稳定的状态,在各层大值区面积略有减小,强度减弱为 2.5～7 m/s,但各层仍有小区域大值中心存在,特别是底层 1 km 高度上强对流中心附近局部存在 9～10 m/s 及以上强谱宽区。14:30 左右,在 1.0～3.5 km 高度上谱宽强度相对前一体扫增大约 1～2 m/s,在 3.5 km 以上的高度强度变化不大,仅 3.5 m/s 谱宽区域面积略有增大。14:36 强对流单体位于广州雷达方位 172°距离 71 km 处,在 1.0～7.0 km 高度各层谱宽强度较前一体扫进一步增强,除 1.0 km 高度上 6～10 m/s 及以上谱宽区域面积有明显增大外,其余各层相对高值谱宽区域面积有所缩小,此时强对流单体出现中气旋特征,也即意味着强对流单体发展成为超级单体。14:42 该超级单体位于雷达站方位 174°距离 68 km 处,此时变为携带非相关切变的强对流单体。在 0.5 km 高度强单体中心的左上侧有＞10 m/s 的强谱宽变化区。1.0 km 高度 10 m/s 及以上、1.5 km 高度 7 m/s 的谱宽相对大值区域面积扩大,2.0～5.0 km 高度各层中心强谱宽区域面积基本不变,但强度略增大 1～2 m/s。5.0～7.5 km 高度各层谱宽大值区面积呈明显增大强度增强的特征,且在 6.5～7.5 km 高度超级单体中心附近强谱宽值达到 10 m/s 及以上。自下而上整体形成了"强—中—强"的垂直谱宽分布,并且在 2.5～7.0 km 高度在强对流单体的右上侧有明显的 7～10 m/s 及以上谱宽大值区存在且逐步移向强对流单体中心的位置。此后在约 24 min 内,在 0.5～1.0 km 两层高度,大的谱宽值 7～10 m/s 及以上区域中心依然存在,

1.5 km 及以上高度的强单体中心谱宽值逐渐减小到 3.5～5 m/s,单体在加强后趋于稳定,单体中心的右侧有明显的谱宽大值区存在。15:00 在 3.0～4.0 km 高度上的强单体中心的右下侧有＞10 m/s 强谱宽区域存在。

　　龙卷爆发期:15:06 强对流单体位于雷达方位 190°距离 41 km 处,雷达监测显示该单体中有三维相关风切变和龙卷标志 TVS 出现,在 3～4 km 的强单体中心的右下侧有 10 m/s 强谱宽区域随高度增高减弱消失。15:12 中气旋和龙卷标志 TVS 并存,各层强谱宽分布逐渐减弱,单体达到新的动态准平衡态。

　　龙卷消亡期:15:54 龙卷标志 TVS 消失,仅在 0.5～1.0 km 两个高度层存在 3～8 m/s 的谱宽大面积分布,在 1.5 km 及以上在强对流单体右侧有 3.5～5 m/s 左右的谱宽相对大值区,其他区域为 1～2 m/s 的螺旋雨带背景谱宽值,各层强单体中心区域仍有 2～5 m/s 的谱宽相对大值区存在。16:12 中气旋特征消失,强对流单体逐渐开始进入减弱阶段,此时在 2 km 及以下强对流单体中心大值区面积逐步增大,强度也开始增强,在 16:24～16:36 有 8～10 m/s 及以上的强谱宽区出现在强单体中心的左上侧,估计跟强降水大的粒子快速下落有关。

4.3.1.3　广州番禺衍生龙卷超级单体谱宽变化

　　由衍生番禺龙卷的超级单体所在强对流单体谱宽演变(图 4-4)可知,在 14:48 对流单体位于广州雷达方位 151°距离 124 km 处,最低可测高度为 1.5 km,谱宽为 2.5～6 m/s。在 2.0～8.0 km 高度各层在螺旋雨带上的谱宽为 2.5～5.0 m/s。

1. 风暴增强龙卷孕育期

　　15:00 强对流风暴所在位置附近谱宽强度和范围有明显的增大。1.5 km 高度强对流单体右上位置谱宽强度达到 7 m/s。2.0～3.0 km 高度层谱宽强度近乎未变,但中心位置更加明确。3.5～6.0 km 各层中心位置更加清晰且谱宽强度达到 7 m/s。两个体扫之后,强对流单体及螺旋雨带所在的位置的谱宽强度都减弱约为 5 m/s,说明强对流单体正在逐步缓慢增强。在 15:18 强风暴中心所在位置 1.0 km 高度左上侧有 7 m/s 的相对强谱宽区域,1.5～3.5 km 高度的谱宽加强为 7 m/s,4.0～8.0 km 高度各层中心区域谱宽面积扩大,且强度达到 5 m/s。15:24 在 1.5～2.5 km 高度各层在中心谱宽强度加强到 8 m/s,在中心右侧有 9～10 m/s 的强谱宽区域。3.0～5.5 km 高度各层的谱宽区域面积较前一体扫增大,且最大强度达到 8 m/s。6.0～8.0 km 高度各层 3.5～5 m/s 的谱宽面积增大,中心明显。之后的 30 min 内,在 1.0 km 高度强对流中心区域的右上侧有一强度达 8 m/s 的较强谱宽区正逐步移向单体中心右侧。1.5～2.5 km 高度各层比较稳定,谱宽强度在 3.5～7 m/s 稳定维持,在强对流单体中心右下侧的 9～10 m/s 的强谱宽区域中心消失。3.0～8.0 km 高度各层中心区域的谱宽值维持在 3～5 m/s,面积相对减小,说明该时间段内强对流风暴强度基本维持稳定。此前在 3.0～8.0 km 高度单体中心区域的左侧有 5～10 m/s 的强谱宽区域,在 30 min 内逐渐增大且由单体左上部移向左下部。16:00 衍生番禺龙卷的强对流单体中监测到中气旋出现,即该强对流单体增强为超级单体。此时在 0.5～1.0 km 高度的谱宽值大体在 2～4 m/s,在右上侧有 6 m/s 左右的谱宽区域。在 1.5～8.0 km 高度各层中心有谱宽为 3.5～5 m/s 的小区域中心存在,其中在 3.5～8 km 高度各层中心左侧有 9～10 m/s 及以上的强谱宽区,且随着高度的增加,强谱宽区域面积增大。16:06 在 0.5 km 高度中心的右上侧有一谱宽为 6～8 m/s 的小区域,左下侧有谱宽为 9～10 m/s 的小区域。在 1.0 km 高度左下侧有强谱宽为 9～10 m/s 及以上的小区域,中心明显,但右上侧回波中心消失。在 1.5～8 km 高度各层中心的左下侧、

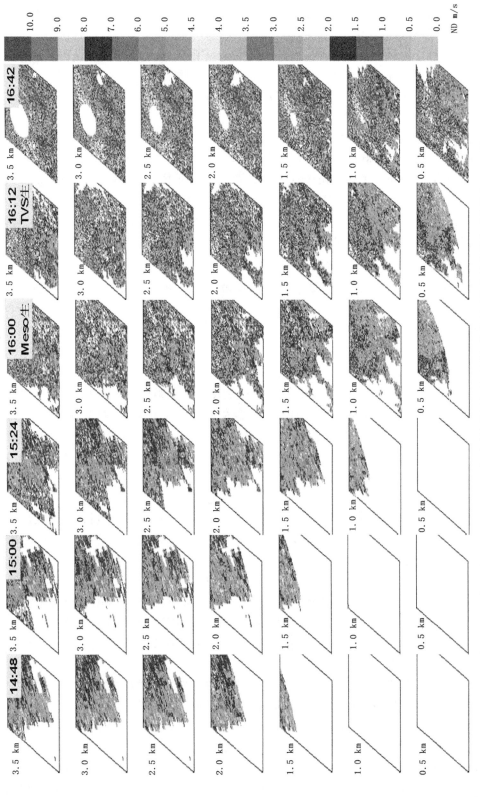

图4-4　2015年10月4日14:48—17:06广州雷达监测衍生番禺龙卷的强对流单体的谱宽时空演变CAPPI图

左侧和右上侧有三个区域的谱宽具有 7~8 m/s 的相对大值,且随着高度的增加强度逐渐增加为 9~10 m/s 及以上,面积也在扩大,7.0~8.0 km 高度中心区域左侧都是强波动区域。

2. 龙卷爆发期

16:12 番禺雷达监测到 TVS 标志,此时超级单体中心在雷达方位 148°距离 41 km 处,在 0.5 km 高度区域的右上部有一个 9~10 m/s 及以上的强谱宽大值区,该区域较上一体扫明显增大,并且与龙卷发生位置配合较好。1.0~8.0 km 高度各层基本与上一体扫谱宽分布情况近乎一致,只在 1.0~5.5 km 高度层上右上侧谱宽增大到 9~10 m/s 及以上。4.5~8.0 km 高度层的左上角因为距离雷达越来越近,雷达探测盲区面积逐渐增大。此后的 30 min 内直到 16:42 雷达监测的中气旋和 TVS 监测标志消失,此时超级单体位于雷达方位 135°距离 17 km 处,较大面积的 8 m/s 及以上的谱宽区域主要出现在中心左侧附近和右侧及右上侧,与中气旋和龙卷发生的位置大致相当,逐渐向右下侧移动。

3. 龙卷消亡期

16:48 超级单体中心位于雷达的 144° 8 km 的位置,0.5 km 高度仅在超级单体附近右上侧存在谱宽约为 8 m/s 的小区域。1.0~8.0 km 高度各层的 9~10 m/s 及以上的强谱宽区域主要位于雷达站右下侧和左上侧,这与强对流风暴所在的螺旋雨带移动经过雷达站实际情况相匹配。1.5~8.0 km 高度明显可以看到随着高度的增加雷达盲区范围随径向增大。此后的 12 min 内,8~10 m/s 及以上的谱宽大值区主要在强单体的中心位置的右下侧和左上侧,因为螺旋雨带移动经过雷达中心,虽然处在雷达盲区,但可以推断雷达所在区域也应该是强谱宽大值区。17:06 强对流单体在雷达方位 353°距离 7.2 km 附近,强谱宽分布主要在雷达站的右下侧,但值得一提的是其右上侧有小区域的谱宽为 8~10 m/s 及以上的强中心,这与该时刻强对流单体切向风的正负速度对大值区位置一致。

衍生汕尾水龙卷、佛山和番禺 2 个陆龙卷共 3 个超级单体的速度谱宽都存在类似的演变特征(图 4-2,图 4-3 和图 4-4)。其演变特征可总结为:衍生龙卷的超级单体在中气旋和 TVS 出现前,谱宽大值区都会提前至少 24 min 出现在 1~3.5 km 的高度层内,之后在其范围内强度先水平空间增大,然后在垂直方向传递,向上达到 5.5 km 以上,向下达到 0.5 km。谱宽加强维持 12~18 min 后,为中气旋和龙卷的发生发展蓄积和提供动能。此后,谱宽大值区主要呈中上层减弱、低层增强特征,强对流单体增强为携带中气旋的超级单体,然后谱宽大值略减弱,超级单体进入稳定蓄积能量的状态。龙卷衍生前,谱宽大值先在局域空间的水平方向增强,再垂直方向伸展增强,然后自上而下垂直下传,此时龙卷伴随中气旋发生,同时中气旋有加强收缩的特征。最后强谱宽在中上层消失,谱宽大值区主要维持在 0.5 km 及以下。

4.3.2　谱宽与大气湍涡触发关系

大气湍流是由大气三维空间中的风向、风速、温度、湿度等要素的不均匀而形成的。大气湍流的发生须具备必要的大雷诺数及相应的动力学和热力学的条件。风速切变是扰动产生的动力因素,当风速切变足够大时,可使波动不稳定,形成湍流运动。温度分布不均匀,是影响大气湍流的热力因素。当温度的水平分布不均匀,斜压性不稳定,大气动力不稳定,大气扰动较强,水平风速及其切变很大,这些因素都对湍流的生成和发展有利。而多要素的分布不均匀会出现多种梯度力,各梯度力综合作用的结果就产生旋转,呈现涡旋和湍流。涡旋具有对偶性,以内旋和外旋来完成热—动能转换和物质输送,而旋转方向的不一致必然有次尺度的相互作用而产生次涡旋和次次涡旋(欧阳首承等,2002),湍流正具有这种"次涡旋结构",是大小尺度不同的众多湍涡综合作用的结果。湍流是流体运动中一种非常普遍而又复杂的基本形态,因为对流层内的流体运动几乎总是处于湍流状态,所以这是大气物理研究的核心问题(莱赫特曼,1982)。猝发与拟序结构特征是近代湍流研究的重大发现,实验表明,在湍流混合层和剪切湍流边界层中存在大尺度的相干结构和猝发现象,说明湍流不是完全无秩序、无内部结构的运动(魏鸣等,2007)。

湍能耗散率 ε 是表征湍流动能的重要参量,而湍流动能是湍流强度的度量。湍流动能涉及整个边界层动量、热量和水汽的输送。因而湍能耗散率 ε 在区域空间的分布,表征了该区域湍流强度的分布,ε 值愈大,该区域湍流愈强。多普勒速度谱宽 σ 表示采样体积内目标物的速度离散度即速度(风向、风速)的变化,是对在一个距离库中速度离散度的度量(张培昌等,2001)。假设雷达波束内湍流局地均匀各向同性且目标物充满波束,反映多普勒径向速度变化的谱宽 σ 与湍能耗散率 ε 在球坐标系中可用以下公式表示(余志豪等,2004;耿建军等,2007;管理等,2014):

$$\varepsilon \approx \alpha^{-1}\left[\frac{\sigma^2}{1.35A\left(1-\frac{r^2}{15}\right)}\right]^{\frac{3}{2}}, 当\begin{cases}\beta/\alpha \leqslant 1 \\ r^2 = 1-(\beta/\alpha)^2\end{cases} \tag{4-2}$$

$$\varepsilon \approx \beta^{-1}\left[\frac{\sigma^2}{1.35A\left(1+\frac{\xi^2}{15}\right)}\right]^{\frac{3}{2}}, 当\begin{cases}\beta/\alpha > 1 \\ \xi^2 = 1-(\alpha/\beta)^2\end{cases} \tag{4-3}$$

$$\sigma^2 = \frac{1}{\bar{P}_r}\int_{-\infty}^{\infty}(\upsilon-\bar{\upsilon})^2\Psi(\upsilon)\mathrm{d}\upsilon \tag{4-4}$$

其中,ε 为湍能耗散率,σ 为速度谱,α 和 β 分别是雷达波束宽度和脉冲长度,A 是普适常数($A\approx0.47$),r 和 ξ 为两个条件式的代表符号,υ 为一个距离库有效照射体积内某反射体的多普勒速度,$\bar{\upsilon}$ 为一个距离库有效照射体积内平均多普勒速度,$\Psi(\upsilon)$ 为多普勒速度谱分布密度,$\Psi(\upsilon)\mathrm{d}\upsilon$ 为多普勒速度在 υ 到 $\upsilon+\mathrm{d}\upsilon$ 间隔内的功率谱密度,$\bar{P}_r$ 为雷达接收到的平均回波功率(张培昌,2001)。

4.3.3　速度谱宽与对流单体演变的物理模型

根据流体力学和湍流能量方程等知识,通过分子黏性和涡流黏性,可建立速度谱宽 σ 与平均动能、脉动动能、热能和功之间的关系(图 4-5a)(余志豪等,2004)。由谱宽 CAPPI 分析可知,速度谱宽 σ 体现了对流单体不同发展阶段的湍流变化,表征大气中能量的输送和转化过程。湍流是由热力、动力和水汽等梯度的加强和配合下产生的,可以促进对流的产生、增强和演变。"彩虹"台风发生时,其螺旋雨带内的动力、热力和水汽条件都有利于对流发展。3 个衍生龙卷的超级单体的谱宽演变显示了不同强度谱宽 σ 的强烈变化对于中气旋、龙卷的发生具有显著指示性,根据其变化程度、持续时间和面积,可提前 10～30 min 做出可能的中气旋和龙卷的预警。由上述的谱宽 σ 时空演变特征,图 4-5b 给出了在强对流风暴—超级单体—龙卷各阶段演变中,谱宽 σ 值预示作用的概念模型,即在强风暴每个阶段的发展期谱宽 σ 增强,在每阶段的稳定期 σ 减弱,在发展到下一个阶段转换期 σ 再次加强。

速度谱宽主要体现了大气湍流运动,湍流变化表征大气中能量的输送和转化过程,湍流是由热力、动力和水汽等梯度的加强和配合下产生的,它可以促进对流的产生、增强和演变。在

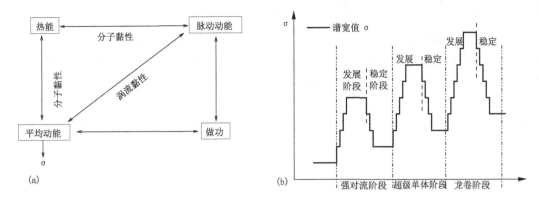

图 4-5　速度谱宽 σ 与(a)平均动能、脉动动能、热能和(b)功之间的关系和谱宽 σ 在对流风暴、超级单体及龙卷中的指示作用的物理模型

"彩虹"台风发生时,其外围螺旋雨带附近动力、热力和水汽都非常充沛。分析"彩虹"台风外围螺旋雨带中 3 个衍生龙卷的超级单体的谱宽演变可知,不同层次速度谱宽值的强烈变化对于中气旋、龙卷的发生具有显著的指示性,根据其强度变化剧烈程度且持续的区域的大小,可提前 24 min 以上的时间做中气旋和龙卷可能发生的预警预报,并初步得到适合此次台风过程中 3 个衍生龙卷、中气旋超级单体发生发展时速度谱宽在其中作用逻辑关系(图 4-6)。

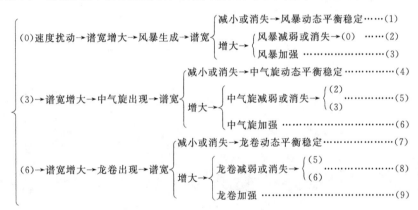

图 4-6　谱宽与对流单体、中气旋、龙卷可能相互作用的逻辑关系

4.4　衍生龙卷的超级单体中气旋强度演变特征

在强对流天气背景下,多普勒雷达获取的平均径向速度中包含了雷达探测有效范围内强天气背景下整体风速的平均速度,大气中的实际风场与多普勒雷达获得的平均径向速度是有区别的,通常情况下平均径向速度无法清楚地对局部对流单体的速度特征和演变进行显示。但多普勒雷达算法的导出产品中相对于单体的平均径向速度图(SRM)和相对于单体的平均径向速度区(SRR)可以较好地解决这个问题。本节采用相对于单体的平均径向速度区(SRR),该方法采用区域内(50 km×50 km)的单体速度减去单体运动缺省为最接近产品中心的单体运动,能以较高的分辨率来显示局地速度产品(张培昌等,2001)。

4.4.1　衍生汕尾水龙卷超级单体内中气旋演变

由衍生水龙卷超级单体内中气旋强度参数(图 4-7a)可知,随着单体移近雷达,根据中气旋最大转动速度和距离的关系,可知在 09:24—09:48 期间为弱中气旋,在 09:54—10:00 龙卷衍生后的两个体扫为中等强度中气旋,最大转动速度 19.5 m/s。中气旋的切向直径基本维持在 4 km 左右,径向直径整体呈减小趋势,在中气旋最强时刻 10:00 其值约为 2.3 km。中气旋的正负速度大值中心距离在中气旋形成(09:24)至龙卷消失(10:00)期间,呈波动增大趋势,10:00 达到最大值 4.66 km。

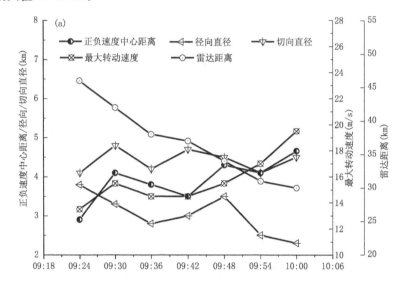

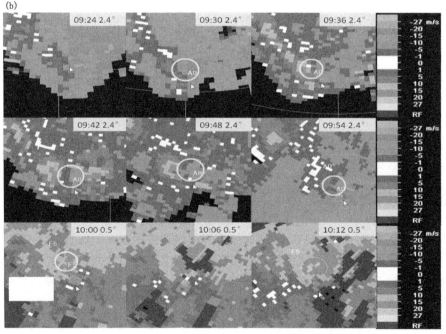

图 4-7　2015 年 10 月 4 日 09:18—10:06 汕尾雷达监测衍生汕尾水龙卷的(a)中气旋强度参数和
(b)中气旋相对于单体的平均径向速度产品演变

由衍生汕尾海丰水龙卷超级单体的相对于单体的平均径向速度区产品演变图(图 4-7b)可知,该单体在 09:24 在汕尾雷达方位 180°距离 46 km 处形成中气旋(箭头所指位置,下同),此时正负速度中心相距 2.9 km,最大转动速度为 13.5 m/s,根据最大转动速度与中气旋强度的关系,可判为弱中气旋。09:30 该中气旋位于汕尾雷达方位 186°距离 42 km 处,其正负速度中心相距 4.1 km,最大转动速度为 15.5 m/s 出现在 3.4°仰角,为弱中气旋。09:36 中气旋位于汕尾雷达方位 193°距离 38 km 处,正负速度中心相距 3.8 km,最大转动速度为 14.5 m/s,为弱中气旋。09:42 该中气旋位于汕尾雷达方位 194°距离 37 km 处。2.4°仰角速度图上显示,存在大的入流速度中心,两侧有两个大的出流速度中心,其中从左向右两个正负速度对相距分别为 3.5 km 和 2.9 km,最大转动速度为 14.5 m/s,为弱中气旋。09:48 该中气旋位于汕尾雷达方位 201°距离 34 km 处,正负速度中心相距 4.3 km,最大转动速度为 15.5 m/s,为弱中气旋。09:54 中气旋位于汕尾雷达方位 211°距离 31 km 处,中气旋正负速度中心相距 4.1 km,最大转动速度在 3.4°仰角,为 17 m/s,接近中等中气旋,此时出现 TVS 标识。10:00 位于汕尾雷达方位 219°距离 30 km 处,中气旋正负速度对相邻,出流速度>27 m/s,入流速度为 12 m/s,最大转动速度为 19.5 m/s,为中等中气旋,TVS 在速度对附近,此时强对流单体即将登岸。10:06 中气旋位于汕尾雷达方位 228°距离 30 km 处,此时强对流单体外围已登陆汕尾海丰鲘门沿岸,TVS 在登陆前消失。10:12 该强对流单体减弱为携带三维相关切变的强对流单体,10:18 该强对流风暴加强为携带中气旋的超级单体,此后,超级单体一直持续到 10:48 后消失。

4.4.2 衍生佛山陆龙卷超级单体内中气旋演变

由衍生佛山龙卷的超级单体内中气旋强度参数(图 4-8a)可知,14:36 首次形成直径约 7.5 km 中等强度中气旋,2.4°仰角最大转速>17 m/s,之后中气旋减弱为非相关切变。15:06 加强为直径约 7.1 km 的三维相关中等中气旋,最大转速约 15 m/s。15:12 最大转速为 20.5 m/s,雷达监测到龙卷标志(TVS),此后 2 个体扫中最大转速"先降后升"由 18.5m/s 转为 20.5 m/s。

由衍生广州佛山龙卷的超级单体相对于单体的平均径向速度产品演变图(图 4-8b)可见,衍生顺德龙卷的超级单体在发展过程中于 14:36 在雷达方位 172°距离 72 km 处首次形成中等强度中气旋,直径约 7.5 km,2.4°仰角最大转动速度大于 17 m/s,之后中气旋减弱为非相关切变。30 min 后,15:06 加强为三维相关中气旋(3DC SHR),此时直径约 7.1 km,最大转动的速度约 18 m/s。15:12 强对流单体中再次形成中等强度中气旋成为超级单体,并且出现 TVS标志,此时位于雷达方位 195°距离 36 km 处,直径约 8.1 km,最大转动速度约 20.5 m/s,根据中气旋判据为中等偏强中气旋。15:18 强对流单体中气旋强度略有减弱为中等强度中尺度气旋,在 3.4°仰角最大转动速度约为 18 m/s,最大直径约为 4.6 km,TVS 标识消失。15:24 强对流单体中气旋为中等强度中尺度气旋,在 3.4°仰角最大转动速度约为 20.5 m/s,直径约 3.14 km。15:30 强对流单体中气旋加强为强中尺度气旋,在多层仰角最大转动速度>27 m/s,直径约 3.1 km,TVS 标志出现。15:36 强对流单体中气旋为强中尺度气旋,在 0.5°仰角最大转动速度>27 m/s,直径约 2.3 km,TVS 标志出现在正负速度对中间。15:42 强对流单体中气旋为强中尺度气旋,在 0.5°仰角最大转动速度>25.5 m/s,直径约 2.4 km,TVS 标志出现在正负速度对中间。在此后的 12 min 内,中气旋消失,TVS 标志在 15:48 仍然存在,也就是低层还有约 15 m/s 的弱风切变存在。16:00 该强对流单体再次生成中等中尺度气旋,1.5°仰角最大转动速度为 18 m/s,直径约 3.5 km,共持续了两个体扫后消失。

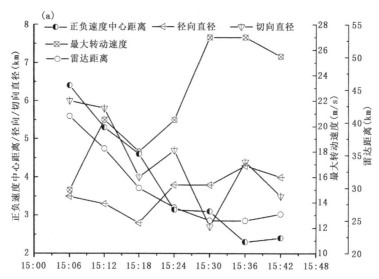

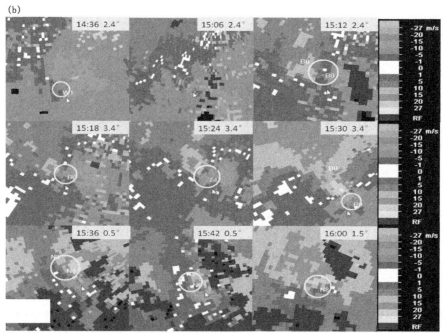

图 4-8 2015 年 10 月 4 日 15:00—15:48 广州雷达监测衍生佛山陆龙卷的(a)中气旋强度参数和
(b)中气旋相对于单体的平均径向速度产品演变

据灾后调查,佛山顺德龙卷 15:28 左右落地,此时单体最大转动速度>27 m/s,成为强中气旋,此状态持续到 15:42 的 25.5 m/s,此后雷达监测龙卷和中气旋消失,或与雷达识别算法有关。根据灾后查证,龙卷最后触地时间为 15:58 左右。该单体正负速度大值中心距离随着中气旋强度增强而变短,在 15:36 最短距离 2.3 km。中气旋切向直径在龙卷发生前波动下降,龙卷发生时达到最小值 2.7 km,径向直径稳定在 3~4 km 左右。

张建云等(2018)分析了在 2015 年广州佛山架设的 CINRAD/XD 双偏振多普勒雷达在佛

山市南海区的佛山龙卷过程中的双偏振多普勒雷达资料。该双偏振多普勒雷达位于本节分析的番禺 CINRAD/SA 雷达西偏北方向方位 294°,距离 39 km 处。佛山 XD 双偏振雷达,由于发射功率小,特别是云雨对 X 波段电磁波的衰减非常严重,因此只能探测到近距离的风暴状况。双偏振雷达反射率因子回波时空演变图(图 4-9c)可见,张建云等分析发现,图 4-9a 中显示位于雷达方位 154°,距离 12.5 km 处(黑色箭头所指位置)有一较强反射率因子区域,尺度 1.2 km 左右(虚线圆圈的位置)。在随后的 3 个时次该(图 4-9e,图 4-9i,图 4-9m)区域强反射率一直存在,按时间顺序,15:54 尺度最大(约 1.2 km),强度最弱(35~45 dBZ),16:06(图 4-9m)尺度最小(约 0.8 km),强度最强(45~55 dBZ)。但是该区域的中间反射率又相对较弱,边缘较强,以 15:58(图 4-9e)为例,中心的反射率强度约为 35 dBZ,其周围一圈反射率较强,其西侧约为 45 dBZ,东侧约为 55 dBZ。这是超级单体风暴钩状回波内龙卷的特有特征之一,称为低回波空洞(WEH),WEH 外围较强的反射率是由在龙卷涡旋外缘形成的降水物和龙卷卷

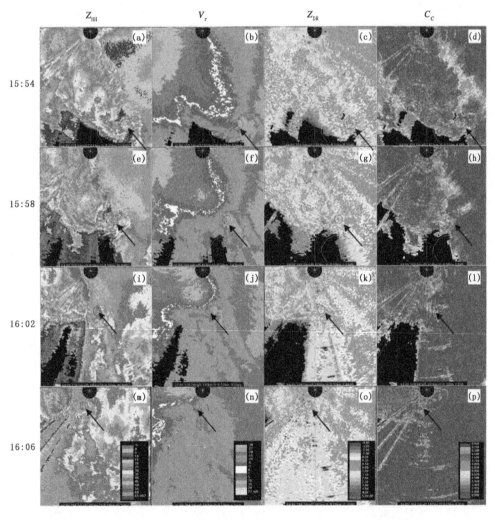

图 4-9　2015 年 10 月 4 日各时刻佛山仰角为 2.4°时 X 波段双偏振雷达反射率因子 Z_{HH}、平均径向速度 V_r、差分反射率 Z_{DR} 和零滞后相关系数 C_c(张建云,2018)

起的杂物碎片产生的较强的回波。图 4-9b、f、g、n 为平均径向速度图,这次探测时最大不模糊速度为 9.5 m/s,图 4-8c 中的径向速度是经过退模糊处理的。图中箭头所指位置是同一位置,在与反射率产品中钩状回波内的 WEH 对应的位置都有明显的最大最小速度对,因为环境风东南风很大(约为 13 m/s),通常探测到的龙卷涡旋的正负径向速度对淹没在背景风场中,涡旋的正速度在 15:58,而 16:02 表现为很小的负速度(张建云,2018)。

张建云等(2018)分析的 X 波段双偏振雷达中的差分反射率 Z_{DR} 特征(图 4-9c、g、k、o)和零滞后相关系数 Cc(图 4-9d、h、l、p)龙卷产生 TDS 特征,是因为龙卷将杂物碎片卷到空中,这些杂物碎片随机的方向,不规则的形状,大的尺寸,高的介电常数,产生高反射率因子 Z_{HH},低 Z_{DR},和异常低的 Cc。这比 SA 单偏振雷达有更丰富的产品和监测结果。

4.4.3　衍生佛山陆龙卷超级单体内中气旋演变

由衍生广州番禺龙卷的超级单体内中气旋强度参数(图 4-10a)可知,在 16:00 中气旋已经在衍生番禺龙卷的强对流单体里生成,此时位于雷达站方位 147°距离 56 km 处,直径约 9.5 km,最大转动速度约 12 m/s,根据中气旋判据接近较弱中气旋。在 16:06 时,中气旋位于雷达方位 145.5°距离 51.2 km 处,直径约 5.1 km,最大转动速度约 14.5 m/s,根据中气旋判据为弱中气旋。在 16:12,中气旋直径约 2.8 km,位于雷达方位 145°距离 46 km 处,最大转动速度约 13.5 m/s,根据中气旋判据为弱中气旋。在 16:18,中气旋直径约 4.1 km,位于雷达方位 144°距离 39 km 处,最大转动速度约 14.5 m/s,根据中气旋判据为弱中气旋。16:24 中气旋直径约为 4.7 km,位于雷达方位 144°距离 35 km 处,最大转动速度>15 m/s,为弱中气旋。16:30 中气旋位于雷达方位 143°距离 29 km 处,直径约为 3.9 km,最大转动速度>19.5 m/s,增强为中等中气旋。16:36 中气旋位于雷达方位 140°距离 24 km 处,直径约为 3.9 km,最大转动速度>19.5 m/s,为中等中气旋。16:42 中气旋位于雷达方位 136°距离 17.2 km 处,直径约 4.7 km,最大转动速度>22 m/s,增强为强中气旋。

此后的多个体扫,雷达没有识别出中气旋和龙卷标志(图 4-10b,白箭头所指位置为中气旋位置),但据灾后调查,有衍生龙卷的超级单体发生并造成损失,这可能与雷达近距离识别有探测盲区且单体距离雷达太近不满足中气旋探测的高度判据有关,因此本节仍按照中气旋标准分析该对流单体的速度对。16:48 中气旋位于雷达方位 125°距离 12 km 处,直径约为 4.0 km,最大转动速度>22 m/s,为强中气旋。16:54 中气旋位于雷达方位 112°距离 7 km 处,直径约为 3.0 km,最大转动速度>25.5 m/s,为强中气旋,根据调查和雷达体扫资料对比,此时龙卷已经落地。17:00 中气旋位于雷达方位 53°距离 4 km 处,直径约为 0.98 km,最大转动速度>27 m/s,为强中气旋。17:06 中气旋位于雷达方位 341°距离 8.5 km 处,直径约为 3.9 km,最大转动速度约为 14.5 m/s,为弱中气旋。17:12 强对流单体加强,其最大速度对直径为 7.1 km,位于雷达方位 343°距离 16 km 处,在 0.5°仰角最大转动速度为>22 m/s,为强中气旋。17:18 强对流单体位于雷达方位 332°距离 19.5 km 处,速度强度减弱,其最大速度对直径为 3.9 km,在 0.5°仰角最大转动速度为>13.5 m/s,为弱中气旋。17:24 强对流风暴位于雷达方位 304°距离 24 km 处,减弱为弱风切变,最大转动速度约 10 m/s。整体来看,16:42—17:00 该单体为强中气旋最大转动速度>27 m/s。17:06 左右是实测龙卷最后触地时刻,雷达显示此时最大转速骤降为 14.5 m/s,但 17:12 又增大为 22 m/s。正负速度中心距在龙卷出现前后先减小后增大,在弱中气旋阶段和中等中气旋阶段约 4～5 km 左右,在强中气旋阶段中心距离明显下降,17:00 最小间距为 0.98 km,之后间距逐渐增大。该中气旋的切向直径约 4~5 km 左右,径向直径约 3~5 km。

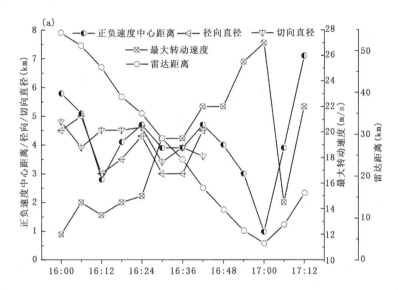

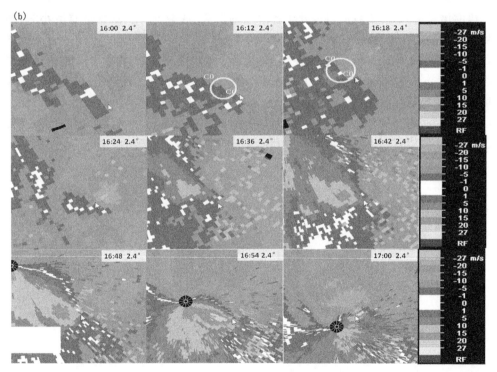

图 4-10　2015 年 10 月 4 日 16:00—17:12 广州雷达监测衍生番禺陆龙卷的(a)中气旋强度参数和
(b)中气旋相对于单体的平均径向速度产品演变

通过对比"彩虹"台风雨带中衍生龙卷的超级单体风暴的中气旋和龙卷出现时间可知,水龙卷发生在中气旋生成后的 30 min 左右,陆龙卷发生在中气旋生成后的 6~30 min 左右,佛山陆龙卷持续时间长强度更强危害更大,三个衍生龙卷的中尺度天气系统最大速度直径水平尺度都在 10 km 以内,都属于 γ 中尺度(meso-γ)系统,番禺超级单体在强中气旋时最大速度直径 0.98 km,属于 α 小尺度(micro-α)系统。

4.5 本章小结

本章通过深入细致地分析 2015 年 10 月 4 日强台风"彩虹"登陆前后雨带内 3 个衍生龙卷的超级单体的天气背景及其谱宽和中气旋强度的变化,得到如下结论:

(1)在"彩虹"台风登陆前后,龙卷发生地恰好位于台风外围 Rankine 模型最大风速半径位置(王炳赟等,2017)。该地区大气边界层的中低层有 30 m/s 的大风速带,在 925~1000 hPa 有约 2.41×10^{-2}/s 强烈的风切变,底层来自西北部的浅薄冷空气不断入侵,抬升凝结高度低为 200~300 m,在适当的 CAPE 值和风暴螺旋度配合下,形成了底层 850~1000 hPa 散度负大值辐合区,高层 200~300 hPa 正大值辐散区,有利于强对流天气在该地区发生。3 个超级单体移经的自动站风向有近 180°转换,局地小时雨强分别为 44 mm、20 mm、33 mm,为强降水型超级单体。

(2)3 个超级单体演变过程中的速度谱宽特征在揭示强对流风暴阶段—超级单体阶段—龙卷阶段发生发展中有重要指示意义,建立了对流风暴不同发展阶段速度谱宽值演变的概念模型。速度谱宽增大时,强对流风暴处于各阶段的发展(或减弱)期;速度谱宽减小时,强对流风暴处于各阶段的稳定期。

(3)衍生水龙卷中气旋最大强度 19.5 m/s 为中等强度中气旋,2 个衍生陆龙卷的中气旋最大强度>27 m/s 为强中气旋。其正负速度对中心距离水平尺度都在 10 km 以内,都属于 γ 中尺度气旋,番禺超级单体中气旋最小直径一度达 0.98 km,属于 α 小尺度强气旋。在单体增强阶段雷达在判别中气旋和龙卷发生有滞后现象,在单体减弱阶段雷达的判别算法有提前现象,人工确认中气旋有利于对单体的发展和成灾情况做出更加准确的判断。

第 5 章

超级单体回波结构演变和钩状回波形成机理

5.1　引言

中国是西太平洋台风登陆地之一(陈联寿和丁一汇,1979),台风在华南登陆时其外围螺旋雨带中常携带有多个强对流单体(群)甚至超级单体,由此给所经之地带来生命和财产的严重损失(林良勋,2006)。超级单体风暴是对流风暴系统中组织程度最高、产生天气最强烈的风暴形态之一,其中深厚持久的中气旋是超级单体风暴最本质的特征,超级单体风暴只产生在中等到强的垂直风切变环境中(Doswell,1996;Bunkers 等,2009)。2015 年 10 月 4 日"彩虹"台风登陆期间,08 时的探空资料显示汕尾和广州地区低层具有强垂直风切变约 0.0241/s,有利于超级单体的产生。近年来,伴随探测仪器和数值模式的发展,对晚秋台风引发的超级单体及龙卷等灾性天气过程的细微结构实时监测和相关机理越来越完善。

在超级单体结构分析方面,俞小鼎等(2008)对一次伴随强烈龙卷的强降水超级单体风暴研究指出,该超级单体的演化可以归结为"带状回波—典型强降水超级单体—弓形回波"三个阶段,并对此次过程中中气旋产生和超级单体形态演变的可能机制进行了探讨。伍志方等(2014)对风暴分裂中左移超级单体风暴和飑线内超级单体风暴引发的两次强对流天气过程进行了对比分析,指出风切变矢量随高度的变化决定了左移和右移风暴的发展趋势。在超级单体数值模拟方面,许多研究采用相对成熟的高分辨率数值模式和资料同化技术,通过同化雷达、卫星和其他探空资料,对超级单体的发生、发展过程进行更加细致的量化,深入分析超级单体高时空分辨率的时空结构演变,试图解释超级单体发生发展过程中的物理机制,有利于超级单体的强度和轨迹的预测预报(Klemp et al,1983;Kulie et al,1983;林良勋等,2005;胡胜等,2006;Shimizu et al,2008;颜文胜等,2008;French et al,2012;陈明轩等,2012;Orf et al,2017;Yussouf et al,2013;Xue et al,2014)。在超级单体是否衍生龙卷方面,已有研究从预报概念模型的环境风场、热力不稳定、能量螺旋指数、风暴相对螺旋度、环境层结高度、低层上升气流强度、中气旋旋转速度和旋转半径等多个方面进行综合研究,并给出了相关的参考标准(Brooks et al,1994;Mead,1997;Thompson,1998;Thompson et al,2003;Davies,2004;周小刚等,2012;Coffer et al,2017;Klees et al,2016)。另外,超级单体的形成还与局地独特的地理环境有密切关系,在合适的地理环境中,有些地区会更容易发生超级单体等灾害性强对流天气(Peyraud,2013;李彩玲等,2016)。

本节在对"彩虹"台风期间衍生龙卷的三个超级单体的谱宽和径向速度分析和研究的基础上进一步对其回波结构演变特征和钩状回波形成机理进行分析和研究,从而丰富和完善在晚秋登陆中国的强致灾台风外围雨带中超级单体风暴结构演变特征和形成机理。

5.2　超级单体回波结构演变

多普勒雷达回波强弱可以显示雨带的结构、强弱演变和移动趋势等,有利于对强灾害性天气过程进行实时监测,为短临预报提供直观的决策依据。因"彩虹"台风雨带中环境背景回波强度的值比较大,故本节选取回波强度值>50 dBZ 的强度来分析衍生龙卷的超级单体回波结构的时空演变特征。

5.2.1 超级单体生消过程不同强度阶段持续时间

由衍生汕尾水龙卷的超级单体不同阶段的强度状态演变可知(图 5-1a),在 08:42—09:24 为强度增强阶段约 0.7 h,09:24—10:54 为中气旋出现成为超级单体阶段约 1.5 h,10:54—11:12 为强对流减弱阶段约 0.3 h,该强对流单体>50 dBZ 持续时间约 2.5 h。其中超级单体衍生水龙卷阶段,09:24—10:00 为中气旋加强阶段,09:54—10:06 为水龙卷生消阶段,10:06—10:12 为中气旋波动减弱阶段(3D-shr),10:12—10:30 为中气旋再次加强阶段,10:30—10:54 为中气旋波动减弱阶段,中气旋在水龙卷消失后持续约 0.8 h。衍生佛山陆龙卷超级单体演变(图 5-1b)显示,在 13:12—14:36 为增强阶段约 1.4 h,14:36—16:12 中气旋出现成超级单体阶段约 1.6 h,16:12—16:54 为强对流消亡阶段约 0.7 h,该强对流单体持续时间约 3.7 h。佛山龙卷超级单体阶段在 14:36—15:06 为中气旋波动减弱阶段(MESO—3D—SHR),15:12—15:54 为中气旋再次加强、龙卷发生阶段,15:54—16:12 为中气旋波动减弱阶段约 0.3 h。由衍生番禺陆龙卷超级单体演变(图 5-1c)可知,15:18—16:00 为增强阶段约 0.7 h,16:00—17:30 可能为中气旋出现超级单体持续阶段约 1.5 h(16:42 雷达最后检测到中气旋和龙卷(TVS),17:06—17:24 超级单体减弱阶段约 0.3 h),17:24—18:36 为消亡阶段约 1.1 h,该强对流单体维持时间约为 3.3 h。参照对超级单体持续时间长短的分类标准,可知衍生龙卷的 3 个超级单体持续时间都在 1.5~1.6 h 左右,属于短生命史的超级单体(含有一个或多个超级单体且生命史<2 h)(Bunkers et al,2006)。以 50 dBZ 回波的持续时间仍采用超级单体生命史时间划分尺度,汕尾海丰水龙卷所在对流单体属中等生命史的强对流单体事件,佛山龙卷所在的对流单体属长生命史事件,番禺龙卷所在的强对流单体属中—长生命

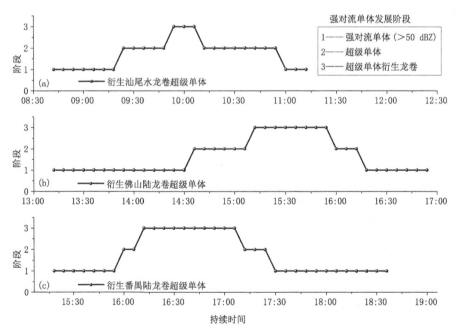

图 5-1 2015 年 10 月 4 日 1522"彩虹"台风期间 3 个衍生龙卷的超级单体生消过程中
不同强度状态持续时间(体扫数据 6 min/次)
(a)衍生汕尾水龙卷超级单体(b)衍生佛山陆龙卷单体(c)衍生番禺陆龙卷超级单体

史事件。可见,强对流单体在台风雨带内充沛的水汽和合适的动力、热力条件下,可以维持较长时间的发展演变。值得注意的是,在汕尾水龙卷消失后,其所在超级单体维持了约 0.8 h,而 2 个陆龙卷消失后,其所在的超级单体持续约 0.3 h,这或与衍生水龙卷超级单体登陆后水汽相对充足且水龙卷消失后释放的凝结潜热有利于中气旋的进一步发展有关。

5.2.2　超级单体回波反射率因子(R)演变特征分析

反射率因子可以确定风暴雨带回波的强度、结构、强弱的演变和移动趋势等特征,有利于对强灾害性天气过程的发生发展进行实时监测,从而可以为预报员的短临预报提供最直观的决策依据。

5.2.2.1　汕尾海丰衍生水龙卷超级单体回波变化

衍生汕尾海丰水龙卷强对流单体在 8:42 开始出现在包含多个弱单体的回波带中(图5-2),1.5°仰角反射率因子高值在 45 dBZ 左右(白色尖头所指,下同),并迅速加强。8:54 该回波带中衍生汕尾海丰龙卷的对流单体回波强度达到 55 dBZ 以上。9:18 该回波带内多个强回波单体逐渐加强,衍生龙卷的对流单体相对独立发展,其前面的多个对流单体逐渐合并。9:24雷达显示该强对流单体形成中气旋成为超级单体,2.4°仰角有较明显的钩状回波。之后超级单体持续发展,9:48 在该超级单体中的 0.5°～4.3°仰角都可以清晰地看到钩状回波。9:54 雷达监测显示该单体内出现龙卷 TVS 标志,位于钩状回波内侧,4.3°仰角显示有 60 dBZ 以上回波存在,9.9°仰角可见 5 km 长的>55 dBZ 反射率大值区存在,可见该超级单体进一步增强,回波高度高达到 4.3°仰角(下同)。在该超级单体前面的多个对流单体持续减弱,此时强回波外围距离岸边汕尾海丰小漠镇约为 10 km 左右。持续两个体扫后,10:06 超级单体中的中气旋、龙卷标志未被雷达识别出来,但多层可见钩状回波仍然存在,4.3°仰角仍有 60 dBZ 以上强回波存在,是因为其后侧的另一强对流单体也增强为超级单体。10:12 雷达识别强对流单体增强为三维相关中气旋并且出现龙卷标志,其各层钩状回波仍然存在,且所在回波带中其前面的对流单体基本消失。10:18 雷达未探测到中气旋和龙卷标志,但是在 0.5°～4.3°仰角反射率因子显示钩状回波明显存在,在 3.4°～9.9°仰角有 60 dBZ 以上的强回波中心就在海丰小漠镇附近。10:24 该对流单体继续增强为携带中气旋的超级单体,在 0.5°～4.3°仰角反射率因子显示钩状回波明显存在,在 3.4°～9.9°仰角有 60 dBZ 以上的强回波中心。10:30 该强对流单体反射率因子大值区完全登陆,低层回波在 55 dBZ 左右,中高层 6.0°～9.9°仰角有 60 dBZ以上回波存在。该强回波中心继续增强,直到 10:54 中气旋标志消失,超级单体结构消失,60dBZ 及以下强回波出现在 3.4°仰角以下。11:06 反射率因子大值区<50 dBZ,11:18 反射率大值区消失。

5.2.2.2　广州佛山衍生龙卷超级单体回波变化

由广州雷达反射率因子回波时空演变图(图 5-3)可见,衍生顺德龙卷和番禺龙卷的强回波带在 10:06 已经出现在雷达站西南方向方位 162°距离 406 km 左右,此时离雷达较远,仅在0.5°仰角上可以看到 20 dBZ 的回波,移动速度非常快,达到 110 km/h(30.5 m/s)。随着"彩虹"台风逐渐近海登陆,该回波逐渐演变为条形回波带,并加速靠近其左前方的强回波带。在12:36 该回波带前端>45 dBZ 反射率因子大值区位于雷达站方位 186°距离 168 km 处,其前端头部回波大值中心从所在回波带分离,并与左前方另一强回波带合并(白色箭头所指),同时

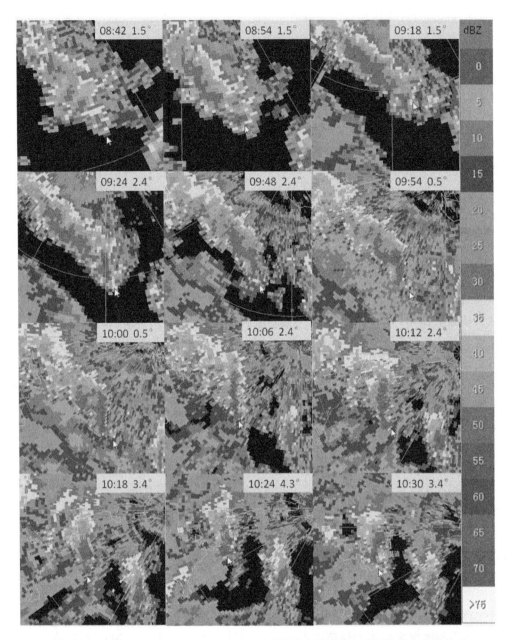

图 5-2　2015 年 10 月 4 日 08:42—10:30 时汕尾雷达监测衍生汕尾海丰水龙卷强对
流单体反射率因子的时空演变

该回波带中后部发生多处断裂,雨带中多个单体开始彼此分离,此时衍生顺德龙卷对流单体 A 和衍生番禺龙卷的对流单体 B 尚在发展初期。13:00 随着螺旋雨带继续向西北方向移动,反射率因子大值区形成明显的弓形台前多单体回波带。13:06 该回波带中位于雷达方位 157°距离 170 km 处对流单体 A 右下侧附近再次发生断裂(白色箭头所示)。30 min 后,13:36 该断裂处前面的对流单体 A(前回波大值区)和后面的对流单体(后回波大值区)继续独立发展,A 对流单体移动速度稍快,与后面的对单体形成明显至少 12 km 的距离。之后,两段带状回波

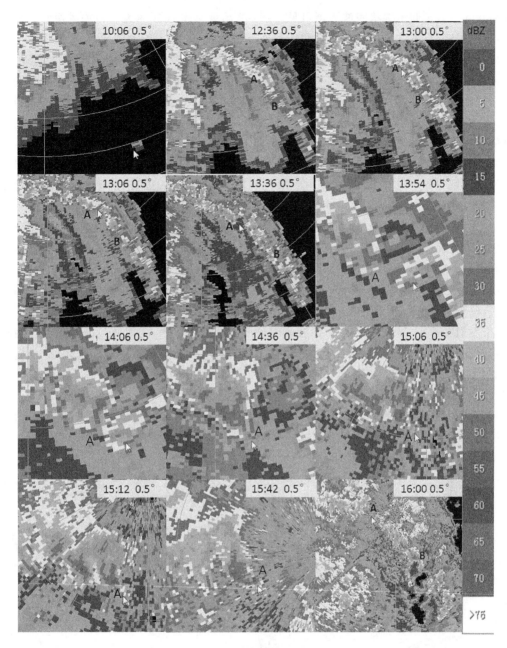

图 5-3　2015 年 10 月 4 日 10:06—16:00 时广州雷达监测衍生广州佛山龙卷强对
流单体群反射率因子的时空演变

随着螺旋雨带的发展继续加强并向西北移动,13:54 后段带状回波的前端部分(箭头所示)与原所在回波带分离,移动速度增快。14:06 后段回波带的前端分离回波(白色箭头所示)靠近原前段回波的尾部对流单体 A 处,此时对流单体 A 强度达到中气旋的非相关切变状态,之后略有减弱。14:12 原后段回波带的前端部分对流单体与对流单体 A 合并融入前段回波。在 14:18 融合壮大后的对流单体 A 进一步加强,其中的多个对流单体合并为 γ 中尺度的强对流单体群,14:30 该强回波面积继续增大,在 14:36 对流风暴 A 增强为携带中气旋的超级单体,并且在 0.5°～1.5°仰角钩状回波清晰可见。14:42 超级单体 A 减弱为非相关风切变的强对流单体,之后略有减弱,在 0.5°～1.5°仰角钩状回波依然可见。15:06 对流单体 A 增强为三维相关切变,在 0.5°仰角有钩状回波存在。15:12 对流单体 A 再次增强为携带中气旋的超级单体,在其钩状回波的内侧出现中气旋和 TVS 标志。之后 30 min 内,该强对流单体发展演变中一直有中气旋和龙卷 TVS 衍生伴随,并且在 15:18 可见中气旋直径略有收缩,强度加强。在 15:42 超级单体 A 发展为携带龙卷和中气旋的经典超级单体结构,此时 0.5°仰角钩状回波有明显的反射率因子>65 dBZ 的大值区存在。到 15:48 中气旋标志暂时消失,对流单体强度略有减弱,但龙卷 TVS 标识仍存在。15:54 该强单体中的中气旋和 TVS 都消失。其后,强单体再次加强发展,16:00 强对流单体 A 中的中气旋再次出现。16:12 衍生顺德龙卷的强对流单体 A 携带的中气旋消失,但强回波区域依然存在,并且在其后的近 50 min 里面积进一步扩大。16:36 强对流单体 A 位于雷达站方位 303°距离 71 km 处,其 50 dBZ 以上的反射率因子大值区仍有较大面积,此后强回波面积和强度逐渐减弱。直到 17:30 强对流单体 A 在雷达方位 308°距离 138 km 处,反射率因子大值减弱到 45 dBZ 以下。

由张建云等(2018)在 2015 年广州佛山架设的 CINRAD/XD 双偏振多普勒雷达在佛山市南海区,位于本节分析的 SA 雷达西偏北方向方位 294°,距离 39 km 处。佛山 XD 双偏振雷达,由于发射功率小,特别是云雨对 X 波段电磁波的衰减非常严重,因此只能探测到近距离的风暴状况。双偏振雷达反射率因子回波时空演变图(图 5-4)可见,张建云等(2018)分析了佛山 X 波段双偏振雷达在 15:58 的 2.4°、3.4°、4.4°三个仰角的反射率因子(图 5-4 中小图 a～c 依次对应),图中 WEH 位置在 2.4°、3.4°、4.4°的高度分别为 0.50 km、0.63 km、0.75 km,可以看到低仰角探测到的龙卷涡旋尺度,比高仰角探测到的小。他们发现龙卷涡旋区域的反射率强度在 15:54 较弱,而在 16:06 较强,是否因为龙卷卷起的杂物 0.20 km 高度上比 0.64 km 高度上多,他们认为该现象值得以后进一步研究。

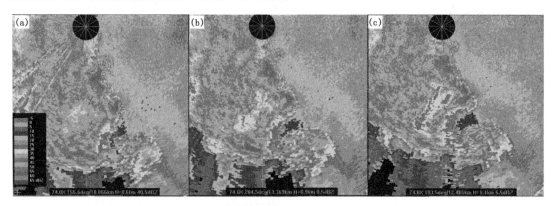

图 5-4   2015 年 10 月 4 日佛山 X 波段双偏振多普勒雷达 15:58 反射率因子
(a)2.4°(b)3.4°(c)4.4°(张建云,2018)

5.2.2.3   广州番禺衍生龙卷超级单体回波变化

图 5-5 是衍生番禺龙卷对流单体 B 及所在螺旋雨带的反射率因子回波时空演变图。13:36 衍生番禺龙卷的对流单体 B 出现 50 dBZ 以上的反射率因子,此时对流单体 B 在螺旋雨带中与前后对流单体有明显的 20～30 dBZ 左右的反射率因子隔开。13:48 对流单体 B 被雷

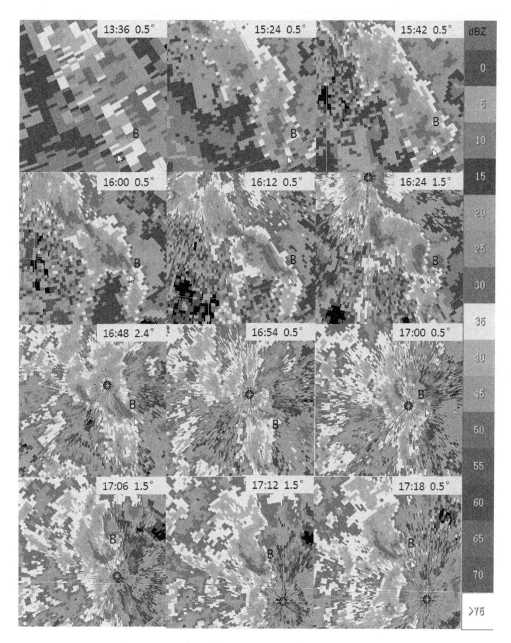

图 5-5　2015 年 10 月 4 日 13:36—17:18 广州雷达监测衍生广州番禺龙卷的强对流
单体群反射率因子的时空演变

达识别为强对流单体,14:00 反射率因子回波再次增大到 51 dBZ,面积略有增大,此后在螺旋雨带中基本维持稳定独立向前加速移动发展。15:24 左右其 45 dBZ 反射率因子回波与其前面的 2 个对流单体强回波靠近合并。15:42 合并后新单体 B 的强回波面积接近相对大值,40 dBZ 反射率因子回波面积呈矩形。之后,单体 B 所在的强单体面积自中间开始收缩,并在 16:00 形成一条接近线状的强回波带(>50 dBZ),此时在单体 B 尾端形成番禺龙卷的中气旋,单体 B 增强为超级单体。16:12 雷达监测显示超级单体 B 中出现龙卷 TVS 标志,此后一直到

16:42超级单体B中的中气旋和龙卷同时存在,此时50 dBZ以上的回波带呈明显的近似直线条形分布,最大回波值58 dBZ,且在回波末端有钩状回波出现。16:24对流单体群内的50 dBZ以上的反射率因子大值区分裂为相对独立的2个大值回波带,并且回波自断裂处向头尾两端收缩,形成2处近似"右摆尾金鱼"状回波区,其中后一回波大值区即衍生番禺中气旋所在超级单体B,其钩状回波进一步加深清晰。随着螺旋雨带继续向西北方向移动,16:36衍生番禺龙卷的强回波最远处已经距离广州雷达站约26 km左右,逐渐进入雷达的探测盲区,低层回波不明显,但是在16:42的2.4°仰角可看到相对完整的强回波大值区。16:48衍生番禺龙卷的超级单体B的强回波距离雷达中心5 km左右,在0.5°仰角强回波面积较小,在2.4°仰角回波很强,其中>55 dBZ回波区域大于9 km²,并且回波大值区主要在雷达站的128°～272°的4～13 km范围内,此时雷达监测超级单体B携带的中气旋和龙卷TVS标志都已经消失,但实际可见明显的钩状回波出现在单体B尾部,估计与回波距离雷达太近而相关参数不适合算法识别标准。16:54衍生番禺龙卷的超级单体B正在经过广州雷达,此时强反射率回波面积出现相对小值,但在对比速度图(图略)可以看到明显的入流和出流的速度对。17:00超级单体B刚经过雷达中心,强回波区域及钩状回波在雷达站的右上方。17:06在2.4°仰角强单体B及钩状回波在雷达方位336°距离6.2 km的右上方,在14.6°仰角有55 dBZ以上面积较大回波出现,在19.5°仰角有50 dBZ回波存在,说明该强对流风暴距离雷达较近。根据前面分析强风暴入流和出流速度判据可知,此时仍为弱中气旋,估计与雷达距离太近有关。17:12强单体B及钩状回波出现在雷达方位327°距离10.2 km并远离雷达,55 dBZ以上的回波高度出现在9.9°仰角,2.4°仰角上55dBZ回波面积较前一体扫面积增大,说明大的降水粒子开始下落,强对流单体群B速度为强中气旋并逐渐进入消散阶段。17:18强单体B在0.5°～6.0°仰角上仍有60 dBZ的回波存在,高仰角的强回波大值面积减少明显,说明强单体B减弱得很快。17:42左右在0.5°仰角该单体>50 dBZ的区域很小,说明单体即将消失。

5.2.3　超级单体回波的分裂合并

随着"彩虹"台风逐渐近海登陆,衍生汕尾海丰水龙卷的超级单体(图5.6中的H)08:42于所在回波段尾端增强为强对流单体(>50 dBZ),并独立发展(图5-6a1)。在增强为超级单体的过程中,单体H与它后面的相对小的对流单体合并(图5-6(a2-a4),白箭头所指,下同),在09:30开始与它前面的多对流单体群进行合并。衍生佛山龙卷的超级单体(单体A)和衍生番禺龙卷的超级单体(单体B)在同一条螺旋雨带内发展,该雨带初期移动速度非常快,达到110 km/h(30.5 m/s),加速靠近其左前方的强回波带,并逐渐演变为条形回波带。在12:36该回波带发生多处断裂,其前端分裂大值区(>45 dBZ,下同)与左前方另一强回波带合并(图5-6b1),其中后部多个单体开始彼此分离形成多个回波段。13:00该螺旋雨带呈明显的弓形,13:06单体A右下侧附近再次发生断裂(图5-6b2),单体A移动速度稍快。13:36该断裂处前段的单体A相对独立发展,单体A移动速度稍快,和后段的对流单体相距至少12 km(图略)。13:54后段回波的前端部分脱离原回波段并加速前移(图5-6b3),在14:06靠近单体A处(图5-6b4),此时单体A强度达到中气旋的非相关切变状态。14:12吸收后面单体壮大后的单体A进一步加强,强回波面积继续增大,在14:36单体A增强为携带中气旋的超级单体。单体B在发展初期维持稳定独立向前加速移动,15:24与所在回波段其前面2个对流单体靠近并逐渐合并(图5-6c1),15:42合并后形成强对流多单体群(图5-6c2)。16:00,单体B所在回波段发展呈线状,此时单体 B 在回波段尾端达到中气旋强度成为超级单体(图 5-6c3)。16:24 强回波自中间断裂向头尾两端收缩独立发展,超级单体 B 位于后一强回波断裂段尾端,其低层多仰角钩状回波进一步加深且清晰(图 5-6c4)。在超级单体的回波空间特征演变中,3 个衍生龙卷的超级单体都是在所在螺旋雨带回波段的尾部生成并加强发展,且衍生汕尾水龙卷的超级单体和衍生陆龙卷的佛山超级单体在增强为超级单体发展过程中存在从较远处合并小对流单体的现象。

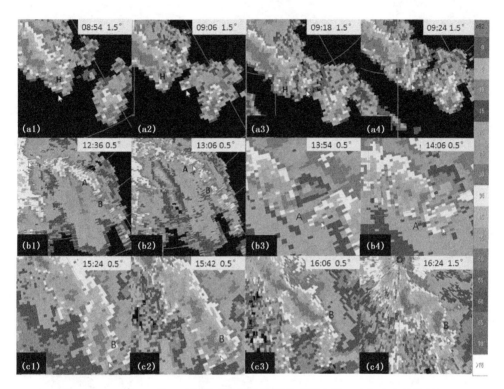

图 5-6　2015 年 10 月 4 日"彩虹"台风外围螺旋雨带内嵌 3 个衍生龙卷的超级
单体的回波的移动、断裂、合并演变

a1,a2,a3,a4 分别为汕尾雷达监测衍生汕尾水龙卷强回波单体演变;b1,b2,b3,b4 分别为广州雷达监测衍生
佛山陆龙卷超级单体演变;c1,c2,c3,c4 分别为广州雷达监测衍生番禺陆龙卷超级单体演变

5.2.4　超级单体空间结构和涡旋演变特征

逐时次分析衍生汕尾水龙卷、佛山陆龙卷和番禺陆龙卷的三个超级单体的空间强回波(强度 50 dBZ)结构,可见超级单体历经"强—更强—最强"三种不同强度状态阶段(图 5-1),且空间结构也有明显变化(图 5-7)。由 3 个超级单体在强对流阶段向超级单体转换前一体扫的强回波和涡旋结构图(图 5-7a1,b1,c1)可知,此时为强对流阶段发展到最强盛时刻,强回波顶高都约在 5.5 km 高度,有明显的涡旋结构出现在强回波右侧,汕尾和番禺强对流单体的涡旋顶高不到 3 km 高度,而佛山涡旋结构顶高达到 4.5 km,体积也远大于其他 2 个涡旋的空间体积。图 5-7(a2,b2,c2)为超级单体阶段但未衍生龙卷前的强回波和涡旋结构图。图 5-7a2 显示 09:42 汕尾超级单体强回波顶达到约 7.2 km,悬挂回波和回波穹窿开始出现,并且底层有

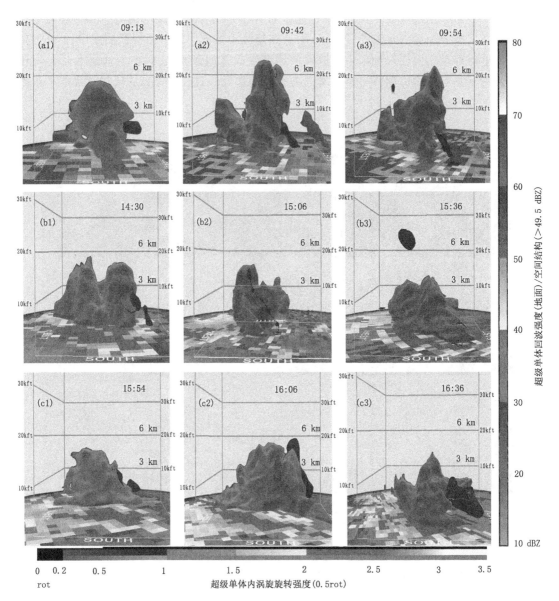

图 5-7　2015 年 10 月 4 日 1522"彩虹"强台风外围螺旋雨带内嵌的 3 个衍生
龙卷的超级单体不同发展阶段的强回波结构图

a1,a2,a3 分别为汕尾雷达监测的衍生汕尾水龙卷超级单体发展的强对流阶段、超级单体阶段和龙卷阶段；
b1,b2,b3 分别为广州雷达监测的衍生佛山陆龙卷超级单体发展的强对流阶段、超级单体阶段和龙卷阶段；
c1,c2,c3 分别为广州雷达监测的衍生番禺陆龙卷超级单体发展的强对流阶段、超级单体阶段和龙卷阶段

钩状回波存在。涡旋相对较细高度约 6.2 km,涡旋倾斜方向与移动方向一致,自地面到约
6.5 km 都有连续的涡旋存在。图 5-7b2 显示 15:06 佛山超级单体强回波在 4.5～5 km 高度
左右,强回波有明显的悬挂回波和回波穹隆,钩状回波出现在底层,回波穹隆内自地面向上有
倾斜的不同高度的小涡旋中心链,高度约 4.5 km。图 5-7c2 显示 16:06 番禺超级单体强回波

顶高约 5 km 左右,涡旋强度和空间尺度都明显增大,涡旋顶高接近 6 km,底层钩状回波开始
出现。从 3 个涡旋结构的高度来看,衍生汕尾水龙卷的超级单体涡旋结构更高。图 5-7(a3,
b3,c3)为三个超级单体衍生龙卷后的强回波结构和涡旋结构图。图 5-7a3 显示 09:54 汕尾水
龙卷发生时,强回波顶高仍维持在 7 km 高度,自地面倾斜上升的涡旋高度略有降低在 6 km
左右,2~5 km 高度上的涡旋空间尺度增大,有明显的"涡管"结构。图 5-7b3 是 15:36 佛山龙
卷发生中期处在强度相对最强阶段,此时龙卷已经触地,整个强回波沿着移动方向自东南向西
北倾斜,在虚线所指引的倾斜强回波内有"管状"强回波穹隆,强回波顶高在 4 km 左右,地面
钩状回波明显,钩状回波尖端回波强度达到 70 dBZ 及以上,可能为龙卷杂物回波标志(Torna-
do Debris Sign,TDS)。涡旋柱(涡管)自地面至约 2.8 km 高度上倾斜地"嵌套"于"管状"穹隆
内,强度达到 1.5ro,在其斜上方 6 km 以上高度有一涡旋中心。图 5-7c3 为 16:36 番禺龙卷强
回波和涡旋结构,此时龙卷还未触地(据灾后考察和雷达资料对比,番禺龙卷约在 16:42 以后
触地),其强回波高度仅有少许超过3 km,整体高度降低明显,悬挂回波和回波穹隆明显,底层
有钩状回波大值区。涡旋主体处在回波穹隆右上侧,与悬挂回波有融合,高度约在 1~2 km
左右。总体来看,水龙卷发生时其超级单体高度和涡旋强度都比衍生陆龙卷超级单体的大。
佛山龙卷的超级单体涡旋强度和钩状回波在同阶段内比番禺的强,所以造成的灾害和影响
更大。

5.3　超级单体中钩状回波形成机理

钩状回波是(不是必须)超级单体的多普勒雷达反射率因子特征,通常出现在超级单体风
暴的中低层,体现了所在超级单体风暴的三维运动特征。中气旋通常出现在钩状回波的位置,
并且当中气旋底部距离地面不到 1 km 高度时,常会引起致灾性的强对流天气,有 40% 的概率
衍生龙卷(俞小鼎,2006)。钩状回波是如何形成的呢?由空气动力学原理(Anderson,2010)
可知,以 0.2~0.3 Mach(即 68 m/s=244.8 km/h)低速情况下运动的低层大气通常可以视为
不可压缩流体,受自身的重力 g、因气压分布不均而产生的气压梯度力 G、因地球自转而产生
的地转偏向力 A、因空气做曲线运动而产生的惯性离心力 F_l 和不同气团(相同气团与不同界
面(如地面))间的摩擦力 f 共同影响,则作用于低层空气的力的总和 F,可写为:

$$F = G + A + F_l + f + g \tag{5-1}$$

根据实际情况合理简化的空气受力方程(5-1),对超级单体中未变形中气旋受力特征进行
分析。对于基本假设如下:设初始时刻在某高度上以角速度为 w 进行转动且半径为 r 的中气
旋未出现移动。在同一高度中气旋没有气压梯度力产生 $G=0$ 受地转偏向力 A 很小可以忽略
(地转偏向力即科里奥利力对于长时间存在的且大尺度如大气环流、季风、台风作用力比较明
显,对于中气旋和龙卷等尺度在 100 m~10 km 以内尺度上的运动确实受到科里奥利力的影
响,但这种影响是非常微小的),惯性离心力在直线运动场没有力的作用 $F_l=0$,水平运动重力
不做功,自身的重力 g 不考虑。这样,方程(5-1)可以简化为:

$$F = f \tag{5-2}$$

假设在 t_0 时刻,将北半球某一高度大气流场内未受到挤压变形的中气旋视为很薄的圆柱
体放在气压(P_e)分布均匀且风场(V_e)分布均匀的大气环境场内($\rho=1.166$,$T=26℃$)中作水
平匀速直线运动,则在该中气旋与环境风场相切于 a 和 b 两点,如图 5-8 所示(图 5-8a 为西风

带中的中气旋钩状回波模型,图 5-8b 为东风带中的中气旋钩状回波模型),则当同一高度上中气旋与环境风场作水平匀速直线运动时,在 a 点其切向风与环境风同向叠加,则 a 处风速为 $\boldsymbol{V_a}=\boldsymbol{V_e}+\boldsymbol{wr}$(矢量表示,其标量表示为 $V_a=V_e+wr$),在 b 点其切向风与环境风反向叠加,则 b 处风速为 $\boldsymbol{V_b}=\boldsymbol{V_e}+\boldsymbol{wr}$(矢量表示,其标量表示为 $V_b=V_e-wr$,以下全用标量表示)。由流体力学的伯努利能量守恒方程(Bernoulli,1738),可知:

$$p+\frac{1}{2}\rho v^2+\rho gh = 常数 \tag{5-3}$$

其 a、b 两点流体力学能量守恒方程与机翼升力产生原因相同,符合以下方程:

$$p_a+\frac{1}{2}\rho V_a{}^2+\rho gh_a = p_b+\frac{1}{2}\rho V_b{}^2+\rho gh_b = 常数 \tag{5-4}$$
$$\rho gh_a = \rho gh_b$$

化简可得:

$$p_a+\frac{1}{2}\rho V_a{}^2 = p_b+\frac{1}{2}\rho V_b{}^2 = 常数$$
$$p_b-p_a = \frac{1}{2}\rho V_a{}^2-\frac{1}{2}\rho V_b{}^2 = \delta p \tag{5-5}$$

则对于中气旋上 a、b 两点的压力差 δp,假设相应的作用面积 S 上产生的作用力为 $\delta F=\delta pS$,此时某一高度层上中气旋所受到的合力方程(5-2)改写为:

$$F = f+\delta F \tag{5-6}$$

由以上推导可知,在强对流单体发展初期其内小而轻的水成物(反射率因子低),有利于对流单体内中气旋的发展增强,此时可以近似地看成圆柱体。当强对流单体发展成超级单体时风暴内部中气旋结构非常成熟,但高速旋转的空气和水成物混合的流体不像刚体那样固定,此时单体内颗粒较大(反射率因子高)质量较重的水成物容易在气压梯度力 δF 和摩擦 f 的共同作用下,被从超级单体中的中尺度涡旋的内核中推出来,出现在前进方向的右后侧,形成钩状回波。实际超级单体发生时可以验证钩状回波形成机理的有效性,如 2015 年 6 月 1 日发生在湖北荆州监利地区的强对流天气系统中的中气旋钩状回波(图 5-8c)和 2016 年 6 月 23 日下午发生在江苏盐城阜宁的强对流天气系统中的中气旋钩状回波(图 5-8d)就是北半球西风带中超级单体内中气旋钩状回波发展演变的很好例证,而 2015 年 10 月 4 日发生在"彩虹"台风螺旋雨带中广东汕尾海丰地区的超级单体系统中的中气旋钩状回波(图 5-8e)和佛山地区的超级单体系统中的中气旋钩状回波(图 5-8f)就是北半球东风带的螺旋雨带中超级单体内受到挤压变形的中气旋钩状回波发展演变的很好例证。从图 5-8 中的三个强天气过程中的超级单体的钩状回波对概念模型的一致适应性来看,该模型较合理地揭示了钩状回波形成机理。

如果在空气中物体运动的速度小于 2.5 Mach(马赫),基本上可认为其阻力 f 与阻力系数 k,相对速度 V_r 和作用面积 S 三者呈正比关系(Anderson,2010):

$$f = kV_rS \tag{5-7}$$

此时,阻力系数 $k=2.937$。则对于共同作用于类圆柱体中气旋上的力 δF 和 f 之间可如下比较:

$$\frac{\delta F}{f} = \frac{\delta pS}{kV_rS} = \frac{\delta p}{kV_r} = \frac{\rho(V_a{}^2-V_b{}^2)}{2kV_r} \tag{5-8}$$

其中,相对速度 V_r 取中气旋所在环境风场平均速度 $V_r=V_e$。

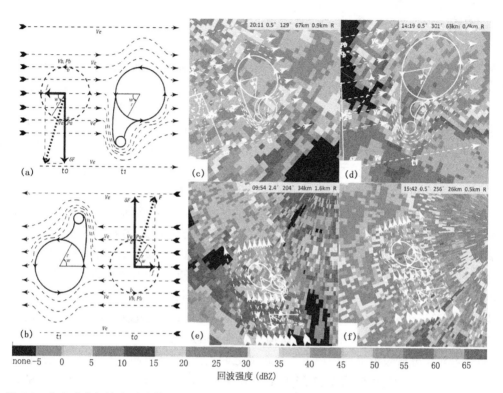

图 5-8　北半球中气旋在西风带(a)和东风带(b)中的钩状回波形成机理概念模型及实况分析,西风带中强对流风暴的中气旋模型分析 2015 年 6 月 1 日荆州雷达监测湖北监利中气旋(c)和 2016 年 6 月 23 日盐城雷达监测江苏盐城阜宁中气旋(d),东风带中强对流风暴中的中气旋模型分析 2015 年 10 月 4 日汕尾雷达监测海丰中气旋(e)和 2015 年 10 月 4 日广州雷达监测顺德中气旋(f)

　　由"彩虹"台风外围螺旋雨带中衍生龙卷的 3 个超级单体多个时刻抽样取值数据(表 5-1)可知,同一高度上的中尺度气旋两个切点间的压力差 δF 明显大于所受的摩擦力 f,其近似关系为:

$$\delta F > 4f \tag{5-9}$$

表 5-1　"彩虹"台风中超级单体在不同仰角高度上压力差 δF 与所受的摩擦力 f 统计表

发生地	时刻	仰角(°)	雷达方位(°)	雷达距离	离地高度	V_a(m/s)	V_b(m/s)	δp	$\delta F/f$
汕尾海丰	9:42	1.5	188.80	39.0	1.2	24.0	7.0	307.24	5.23
汕尾海丰	9:54	2.4	204.00	34.0	1.6	24.0	7.0	307.24	4.76
广州顺德	15:30	1.5	225.00	26.0	0.9	24.0	1.0	335.23	5.19
广州顺德	15:42	0.5	256.00	26.0	0.5	27.0	3.0	419.76	7.94
广州番禺	16:24	1.5	146.00	35.0	1.2	27.0	-3.0	419.76	7.15
广州番禺	16:54	0.5	127.00	9.2	0.3	24.0	5.0	321.23	9.11

　　注:雷达距离指中气旋到雷达距离(km)。离地高度指中气旋观测仰角层到地面的高(km)。

5.4 本章小结与讨论

本节通过细致分析 2015 年 10 月 4 日强台风"彩虹"登陆前后其外围螺旋雨带在汕尾和广州地区形成 3 个衍生龙卷的超级单体的回波结构演变特征和钩状回波形成机理,结论如下:

(1)参照对超级单体持续时间分类标准,3 个超级单体持续时间都在 1.5~1.6 h 左右,属于短生命史的超级单体。从 50 dBZ 大值回波的持续时间来看,仍采用超级单体生命史划分尺度,衍生水龙卷的强对流单体持续时间约为 2.5 h 属中等生命史的强对流单体事件,衍生佛山龙卷的对流单体持续时间约为 5 h 属长生命史事件。衍生番禺龙卷的对流单体持续时间约为 3.3 h 属中长生命史事件。

(2)3 个衍生龙卷的超级单体都生成在各自回波段尾部。其强回波(>50 dBZ)结构和涡旋结构特征揭示了超级单体空间结构的增强演变。在中气旋阶段,悬挂涡旋主体位于回波穹隆和悬挂回波右前侧附近;在龙卷阶段,涡旋主体有向移动方向倾斜的"涡管"结构。

(3)根据空气动力学和伯努利能量守恒方程可知,某高度上超级单体内阻碍中气旋向前运动的空气阻力 f 和周围压强差所造成的压力差 δF 的共同作用合力 F 是钩状回波形成的原因。实际个例验证了北半球东风带和西风带内超级单体中钩状回波的概念模型,表明该模型可以解释北半球不同天气系统中超级单体钩状回波的形成机理。

(4)通过对比分析超级单体内中气旋速度对之间关系,推导出同一高度上中气旋由压强差所造成的压力差 δF 和空气阻力 f 之间可能的倍数关系,以"彩虹"台风超级单体中的速度数据分析可得 $\delta F > 4f$。

本节对"彩虹"台风雨带中衍生龙卷的超级单体的空间结构进行了分析和研究,并借此初步建立和解释了北半球钩状回波形成机理。文中存在检验个例较少等问题,因此对于该模型的适应性将在后续工作中进一步收集个例进行检验完善。

第 6 章

结论与展望

6.1　结论

　　"彩虹"强台风在 2015 年 10 月 4 日于广东湛江登陆,给华南地区造成了致灾性的人员伤亡和财产损失。该台风是比较少见的在晚秋登陆中国且外围雨带衍生龙卷的致灾性的强台风,具有台风中心降水小、灾害小;外围降水多、灾害大;近海加强、风暴潮影响大,同级台风中其生消时间相对较短等特征。作为一个秋季非对称台风,在其远离台风中心 300～500 km 的右前象限的螺旋雨带中的强对流旺盛发展,出现了多个超级单体,至少有一个超级单体衍生了水龙卷,有两个超级单体衍生了 2 个陆龙卷,这也是在台风天气中比较少有的现象。本节通过以有特色的致灾性的"彩虹"强台风为分析对象,深入探讨研究了形成此次台风过程的环境条件、螺旋雨带演变特征和机理、螺旋雨带中致灾超级单体的演变特征和形成机理,以期进一步总结规律和要点,尽可能地揭示和解释致灾性天气演化的特征和机理,防灾减灾服务社会。

6.1.1　生成"彩虹"台风的环境条件

　　1. 热力条件

　　"彩虹"台风生成期间,附近海表温度和海水表层 100 m 左右深度的平均温度持续高于 28℃,100 hPa 高度场有低于 −80℃ 的超低温区域,形成了下暖上冷的强烈不稳定的温度梯度,为台风的生成和持续加强提供了热力条件。

　　2. 动力条件

　　由 2 日 08 时至 4 日 08 时 500 hPa 环流形式分析可知:中高纬度环流形势基本稳定,在贝加尔湖上空短波槽脊略有加深,而东亚大槽逐步减弱。中低纬度来自云贵高原较弱的切变槽线逐步东移,不断推送冷空气入侵湖南和两广地区。副热带高压南边缘逐步西伸北抬增强,其中心脊线在 24°N 附近稳定少动,推动台风沿着副热带高压西南边缘自东南向西北移动。这些构成了"彩虹"台风稳定向西北方向移动的动力条件。

　　3. 水汽条件

　　2015 年 9 月和 10 月海表温度高于常年 1～2℃,来自台风中心西南方向的孟加拉湾和东侧西太平洋的水汽源源不断地在中国南海东部和菲律宾北部海域汇集,为"彩虹"强台风的强度加强和丰沛的雨水提供了水汽保障。

　　4. 其他因子

　　"彩虹"台风生成在望月月相期间,地月中心距离也恰好处在一年当中最短距离附近的近地点,达到最小近地点和满月的时间差仅相差 1 h 左右,形成的天文引力有利于风暴潮的生成和加强。

6.1.2　螺旋雨带的分布和可能的形成机理

　　"彩虹"台风在近海加强过程中距离其中心 500 km 左右的外围螺旋雨带在汕尾沿海多个强对流单体形成,进而增强为超级单体,并在海上有水龙卷发生。在其登陆后即将减弱过程中距离其 300～450 km 的外围螺旋雨带中多个由强对流单体增强的超级单体发生,并在佛山顺德和广州番禺两地产生了陆龙卷,造成了致灾性的危害。

　　"彩虹"台风外围强螺旋雨带的形成符合 Rankine 涡旋模型的空间分布结构。以往分析主要关注台风中心和眼壁范围内(距离在 150 km)的温压湿风等要素的分布和分析符合修改的 Rankine 涡旋。在切向风场强度方面,本节与以往分析不同的就是将"彩虹"台风的中心和台风眼壁看成一体作为内核(Inner core),那么自内核之外且一定距离 R 之内的切向风风速分布随距离的增大而增大,当达到 R 距离之后,切向风速随着距离的增大而减小,而螺旋雨带的强度分布也符合 Rankine 模型的规律。汕尾和广州地区就处在"彩虹"台风外围切向风速最大值处,因此最强螺旋雨带也分布在该区域附近,进而将 Rankine 涡旋模型的适应性进一步推广。

汕尾和广州两雷达站监测的强对流单体时间和空间分布与两站所处台风外围雨带的分布有很密切的对应关系。4 日上午 8—11 时左右,汕尾雷达监测的强对流主要发生在雷达站西南侧的长 100 km、宽 60 km 的带状区域,此时"彩虹"强台风正处在近海最强的阶段,中心气压 940 hPa,风力 15 级,风速 50 m/s,汕尾地区正处在 Rankine 风速分布最大半径约 400 km 区域;下午 13—18 时左右,广州雷达监测的强对流主要发生在经过雷达站中心东南—西北向长 150 km、宽 70 km 区域,此时"彩虹"强台风正处在刚登陆后强盛阶段,中心风力 14～15 级,风速 45～50 m/s,该地区也正处在 Rankine 风速分布最大半径约 350 km 区域。

位于 Rankine 涡旋风速分布最大区域内的携带中气旋的强对流在发展加强过程中,其底部伴随中气旋的生成加强越来越低,当龙卷发生时强对流底部达到最低值,之后云底高度开始升高。云顶高度至少会在龙卷发生 30 min 前有个持续下降的过程,可以作为对强灾害气旋发生的预警指标。强对流和中气旋在发展移动过程中有强度的变化,呈现生成—加强—减弱—加强—减弱—消散的生命形态。

从强螺旋雨带内中气旋不同阶段特征统计来看,在识别为非相关切变(UNCSHR)时汕尾和广州雷达测得的平均底高(BASE)、顶高(TOP)和切变最大高度(HGT)数值相同,都为 1.5 km;在识别为三维相关切变(3DSHR)时,广州平均底高在 1.8 km,顶高在 3 km,切变高度在 2.5 km,汕尾地区平均底高和切变高度在 1.8 km,顶高在 3.1 km,并且汕尾切变高度比广州地区的低约 0.7 km;在识别为中气旋(M)时,广州地区平均底高在 1.1 km,顶高在 2.4 km,切变高度在 1.7 km,汕尾地区平均底高在 1.3 km,顶高在 2.7 km,切变高度在 2.1 km 左右,汕尾地区平均底高、顶高和切变高度比广州地区的分别高 0.2 km、0.3 km、0.4 km。从识别涡旋的径向直径和切向直径来看,两站的径向直径在三阶段的值有大—小—大变化,而切向直径则是小—大—小的变化;从风切变值来看,两站的风切变强度都在 0.01/s 左右,中气旋阶段最大,非相关切变和三维相关切变相对略小。

6.1.3　超级单体演变及钩状回波可能的形成机理

根据观测和事后调研,台风外围强螺旋雨带内有多个强对流风暴发展强烈,其中在汕尾海丰的强对流单体发展成为超级单体并衍生了水龙卷,在顺德和番禺地区的强对流单体发展成为超级单体后衍生了陆龙卷。通过分析同一天气系统影响下衍生水龙卷和陆龙卷的超级单体演变特征得到了很多有意义的结果。

在"彩虹"台风登陆前后,龙卷发生地都恰好位于台风外围 Rankine 模型最大风速半径位置。该地区大气边界层的中低层有 ≥30 m/s 的大风速带,在 925～1000 hPa 有约 2.41×10^{-2}/s 强烈的风切变,底层来自西北部的浅薄冷空气不断入侵,抬升凝结高度为 200～300 m,在适当的 CAPE 值和风暴螺旋度配合下,形成了底层 850～1000 hPa 散度负大值辐合区,高层 200～300 hPa 正大值辐散区,有利于强对流天气在该地区发生。

　　3 个衍生龙卷的超级单体都生成在螺旋雨带中各自回波段尾部。参照对超级单体持续时间分类标准,3 个超级单体持续时间都在 $1.5\sim1.6$ h 左右,属于短生命史的超级单体。参照中气旋旋转强度标准,衍生水龙卷中气旋为中等强度中气旋,2 个衍生陆龙卷的中气旋为强中气旋。3 个衍生龙卷的超级单体移经自动站前后,自动站风向有近 $180°$ 转换,同时伴随的局地小时雨强分别为 44 mm、20 mm、33 mm,都为强降水型超级单体。

　　3 个超级单体演变过程中的速度谱宽特征在揭示强对流风暴阶段—超级单体阶段—龙卷阶段发生发展中有重要指示意义,在详细分析以三个超级单体为中心的 CAPPI 演变的基础上,建立了对流风暴不同发展阶段速度谱宽值演变对强对流风暴单体指示作用的概念模型。速度谱宽增大时,强对流风暴处于各阶段的发展(或减弱)期;速度谱宽减小时,强对流风暴处于各阶段的稳定期。

　　强回波结构能够显示出强对流单体发生发展的演变情况。以 50 dBZ 的回波强度和 0.5 倍速转动速度的涡旋结构为代表特征,通过细致分析 2015 年 10 月 4 日强台风"彩虹"登陆前后其外围螺旋雨带在汕尾和广州地区形成 3 个衍生龙卷的超级单体,揭示了超级单体三维空间回波结构演变特征和钩状回波形成机理。在中气旋阶段,悬挂涡旋主体位于回波穹隆和悬挂回波右前侧附近;在龙卷阶段,涡旋主体有向移动方向倾斜的"涡管"结构,揭示了龙卷涡旋的旋转尺度。根据空气动力学和伯努利能量守恒方程可知,某高度上超级单体内阻碍中气旋向前运动的空气阻力 f 和周围压强差所造成的压力差 δF 的共同作用合力 F 是钩状回波形成的原因。实际个例验证了北半球东风带和西风带内超级单体中钩状回波的概念模型,表明该模型可以解释北半球不同天气系统中超级单体钩状回波的形成机理。通过对比分析超级单体内中气旋速度对之间关系,推导出同一高度上中气旋由压强差所造成的压力差 δF 和空气阻力 f 之间可能的量化倍数关系,以"彩虹"台风超级单体中的速度数据分析可得 $\delta F > 4f$。

6.2　研究创新点

　　本研究主要有以下创新点:

　　第一,通过分析衍生龙卷的三个超级单体的多普勒速度谱宽演变特征,揭示了谱宽在强对流单体不同阶段的发展和稳定状态演变过程中的指示作用,并由此得出了谱宽和强对流单体演变的物理逻辑模型。谱宽在强对流单体演变中展现出当谱宽值增大时处于风暴增强(或减弱)阶段,当谱宽值变小或消失时风暴在此阶段呈现比较平稳的状态。当风暴在不同的演变阶段中,其谱宽变化出现相同的特征。

　　第二,通过分析远离台风中心螺旋雨带中三个超级单体强回波结构和中气旋速度回波特征,结合空气动力学和流体力学知识推导了北半球西风带强对流天气和东风带台风外围螺旋雨带两种大气环流系统中超级单体中钩状回波的形成机理,并根据实际观测数据给出了理想状态下同一高度层上的中气旋环流周围气压梯度力 δF 和空气阻力 f 的定量关系 $\delta F > 4f$。

　　第三,在台风过程中,台风中心(包含眼壁)移经区域往往不是降水和致灾最强的区域,而远离台风中心的外围螺旋雨带所经过的地方往往受灾严重。对"彩虹"台风外围螺旋雨带强度分布与台风中心外围最大切向风速的分析发现,两者都存在沿着台风中心半径向外先增大后减小的匹配关系,进而验证了 Rankine 涡旋模型在超强台风核心区域以外 $150\sim600$ km 的有效性;进一步分析了"彩虹"台风期间所经海域海温、大气环流、地月关系和局地气象环境的配合条件。

6.3　不足与展望

6.3.1　研究的不足

登陆台风(飓风)是致灾性比较严重的天气系统之一,具有覆盖面积大、影响范围广、灾害程度深等特点,伴随着越来越精细的探测技术的发展和算法的改进,对其预报预测越来越精确,其内的特征和机理也需要进一步分析。本节仅对"彩虹"强台风进行了深入细致地分析和研究,得出了一些有意义的结果。但也存在以下几个方面的不足:

第一,对台风的个例分析少。文中仅以"彩虹"强台风为个例进行了分析,推导和验证了模型的合理性和正确性。因为缺少相关的精细雷达数据,没有完成根据原来的计划安排要分析1208"威森特(Vicente)"、1311"尤特(Utor)"、1319"天兔(Usagi)"、1409"威马逊(Rammasu)"等多个登陆广东的台风个例,做成广东台风集,从更广泛的台风集内进一步验证模型的合理性。

第二,只对远距离致灾的强螺旋雨带的分布特征和原因进行了分析和验证,只关注了致灾严重的螺旋雨带结构演变和其形成机理分析,没有仔细分析螺旋雨带中每一条螺旋雨带的演变。

第三,只对"彩虹"台风生消过程中的环流背景、局地天气条件、海温条件等因子进行了分析,对于其具体整体协同作用的相互关系及影响还没有仔细分析。

第四,精细化的多源资料的相互印证和分析还不够。因为不同的观测资料其观测精度、角度和高度是不一样的,理论上多种观测资料配合起来可以让观测更加精准和具体,但是实际操作中具体以哪(几)种资料作为评判标准(或者准确值)还有待于进一步研究确认。虽然随着观测仪器的发展和资料共享的开放,越来越多的数据可以获取,但是不同观测源对同一观测目标给出的结果往往是不完全相同的,比如以"彩虹"台风中心定标为例,中国气象局、日本气象厅、香港天文台、上海台风研究所和联合台风预警中心(JTWC)等多家单位给出的结果就不完全相同。

6.3.2　展望

近十几年来,尽管国外早已经在设备仪器的研发和数值模拟等方面取得了较长远的进步,但是因为设备的昂贵价格或技术限制等原因,导致我们在借鉴使用和普及上还有较大的差距。随着我国研发水平的提高和观测仪器的进步,我们正在逐步更新和部署新的观测设备和数值模拟方法,比如我国多个省份将多普勒雷达更新升级为探测精度和可观测的物理量更加细致的双偏振多普勒雷达,使得我们对台风、暴雨、强对流天气、雨雪冰冻灾害的监测和模拟做出更加及时准确判断和预报。展望未来,我们可以在以下几个方面继续做好相关工作。

建立一套基于完整标准的台风资料。因为我国对于台风历史资料的积累还是比较少,并且不同时期的观测水平和精度也不一样,还没有一套完整标准的资料集来进行归一化研究。对于台风的螺旋雨带的关注就更加稀少。因此,建立和完善我国台风历史数据集,提高台风内外物理量场的观测精度有利于对致灾性的天气过程进行更加深入细致的观测和分析研究,从而对其中的相关机理和认识进一步推进。

进一步完善台风数值模拟系统的精度和准确度。国外至少有 7 家对台风模拟的模式,国内也有至少 3 家台风的数值模拟模式,但是这些模式的准确度仍有进步的空间,比如对不同高度上的切向风风速分布预测预报,对螺旋雨带、龙卷等致灾性系统的强度和落地位置的预报准确度等模拟方面。

建立对影响我国的西太平洋台风及其螺旋雨带的影响能力评估系统。在完善我国西太平洋台风数据集的同时,能够对每一次台风的影响程度进行相应的配套评估,从而总结出台风影响评估系统,那么对于以后我们的台风灾害的预报预警会有很好的借鉴和指导作用。

未来,随着探测技术和计算模拟方法的完善和进步,从大尺度的台风系统来预估整体影响,从系统内的每个子系统和参数细微变化来预估灾害的时间和落点,其内的物理量演变特征和相关机理必将进一步丰富和完善。

参考文献

陈广叙,1989.华南台风与"月相"[J].华南师范大学学报(自然科学版)(01):37-43.

陈联寿,2010.热带气象灾害及其研究进展[J].气象,36(7):101-110.

陈联寿,丁一汇,1979.西太平洋台风概论[M].北京:科学出版社:491.

陈明轩,王迎春,肖现,等,2012.基于雷达资料四维变分同化和三维云模式对一次超级单体风暴发展维持热动
　　力机制的模拟分析[J].大气科学,36(5):929-944.

程爱珍,丘平珠,韦华红,等,2010.人工站与自动站风的自动观测资料差异分析[J].气象研究与应用,31(04):
　　82-85.

刁秀广,万明波,高留喜,等,2014.非超级单体龙卷风暴多普勒天气雷达产品特征及预警[J].气象,40(6):
　　668-677.

刁秀广,朱君鉴,刘志红,2009.三次超级单体风暴雷达产品特征及气流结构差异性分析[J].气象学报,67
　　(1):133-146.

丁治英,王勇,沈新勇,等,2009.台风登陆前后雨带断裂与非对称降水的成因分析[J].热带气象学报,25(5):
　　513-520.

方翀,郑媛媛,2007.新一代天气雷达中气旋产品特征值统计和个例分析[J].气象,33(11):16-20.

费海燕,周小刚,王秀明,2016.多普勒雷达中气旋判据及算法的发展与应用[J].气象科技进展,6(05):24-29.

冯晋勤,汤达章,王新强,等,2010.新一代天气雷达超级单体风暴中气旋特征分析[J].大气科学学报,33(06):
　　738-744.

冯晋勤,汤达章,俞小鼎,等,2010.新一代天气雷达中气旋识别产品的统计分析[J].气象,36(8):47-52.

冯晋勤,俞小鼎,傅伟辉,等,2012.2010年福建一次早春强降雹超级单体风暴对比分析[J].高原气象,31(1):
　　239-250.

甘文举,何益斌,2009.Rankine涡平移模型下低层房屋龙卷风荷载的分析[J].四川建筑科学研究,35(1):
　　84-89.

高嵩等,2017.气象信息综合分析处理系统第四版客户端使用指南[M].北京:气象出版社.

管理,魏鸣,吴昊,2014.晴空湍流在强天气过程临近预报中的应用研究[J].科学技术与工程,(31):6-13.

郭洪寿,陈祥福,1992.风暴潮灾与月相[J].海洋预报(02):39-45.

胡胜,伍志方,刘运策,等,2006.新一代多普勒天气雷达广东省区域拼图初探[J].气象科学(01):74-80.

胡胜,于华英,胡东明,等,2006.一次超级单体的多普勒特征和数值模拟特征对比分析[J].热带气象学报,22
　　(5):466-472.

黄祎萱,2014.新版Micaps资料的本地化处理与维护[J].气象研究与应用,35(02):81-83.

冀春晓,薛根元,赵放,等,2007.台风Rananim登陆期间地形对其降水和结构影响的数值模拟试验[J].大气
　　科学,31(2):233-244.

李柏,2011.天气雷达及其应用[M].北京:气象出版社:116.

李彩玲,炎利军,李兆慧,等,2016.1522号台风"彩虹"外围佛山强龙卷特征分析[J].热带气象学报,32(3):
　　416-424.

李鹏飞,2012.自动站与人工站气温观测资料分析[J].气象与环境科学,35(04):85-88.

李月安,曹莉,高嵩,等,2010.MICAPS预报业务平台现状与发展[J].气象,36(07):50-55.

林良勋,程正泉,黄忠,等,2005.热带气旋相似和最大概率集成预报方法及其预报业务试用 [J].热带气象学
　　报,21(6):651-657.

林良勋,梁巧倩,黄忠,2006.华南近海急剧加强热带气旋及其环流综合分析 [J].气象,32 (2):14-18.

刘黎平,2007.新一代天气雷达基数据的三维拼图和产品生成软件系统[J].中国气象科学研究院年报 (01):
　　40-41.

吕月华,王继志,1975.潮汐及其与天气的关系[J].海洋科技资料 (05):13-21.

欧阳首承,(美)麦克内尔,林益,2002.走进非规则 [M].北京:气象出版社:295.

任芝花,张志富,孙超,等,2015.全国自动气象站实时观测资料三级质量控制系统研制[J].气象,41(10):
　　1268-1277.

寿绍文,励申申,姚秀萍,2003.中尺度气象学[M].气象出版社:191-203.

[苏]Д.Л.莱赫特曼,1982.大气边界层物理学[M].濮培民 译.北京:科学出版社:394.

王世彬,2010.2009 年"04·15"风暴潮过程预报及成因分析[J].海洋预报,27(03):35-39.

王勇,丁治英,2008.台风"海棠"的螺旋雨带结构及特征[J].南京气象学院学报,31(3):352-362.

王月宾,2007.渤海西岸致灾风暴潮的统计预报模型[J].气象 (09):40-46.

魏鸣,秦学,王啸华,等,2007.南京地区大气边界层晴空回波研究[J].南京气象学院学报(06):736-744.

吴芳芳,俞小鼎,张志刚,等,2012.对流风暴内中气旋特征与强烈天气[J].气象,38(11):1330-1338.

吴俞,薛谌彬,郝丽清,等,2015.强台风"山神"外围超级单体引发的龙卷分析[J].热带气象学报,31(02):
　　213-222.

伍志方,庞古乾,贺汉青,等,2014.2012 年 4 月广东左移和胞线内超级单体的环境条件和结构对比分析 [J].
　　气象,40(6):655-667.

伍志方,叶爱芬,胡胜,等,2004.中小尺度天气系统的多普勒统计特征[J].热带气象学报,04:391-400.

伍志方,曾沁,吴乃庚,等,2011.广州"5.7"高空槽后和"5.14"槽前大暴雨过程对比分析 [J].气象,37(7):
　　838-846.

夏文梅,徐芬,吴海英,等,2007.多普勒天气雷达探测中气旋分析[J].气象科学 (06):655-660.

肖艳姣,2007.新一代天气雷达三维组网技术及其应用研究[D].南京:南京信息工程大学.

颜文胜,林良勋,翁向宇,等,2008.多普勒天气雷达速度图像在近海台风移动路径预报中的应用 [J].热带气
　　象学报,24(6):665-671.

姚叶青,俞小鼎,郝莹,等,2007.两次强龙卷过程的环境背景场和多普勒雷达资料的对比分析 [J].热带气象
　　学报,23(5):483-490.

余志豪,苗曼倩,蒋全荣,等,2004.流体力学(第三版) [M].北京:气象出版社:378.

俞小鼎,2006.多普勒天气雷达原理与业务应用 [M].北京:气象出版社:314.

俞小鼎,姚秀萍,熊廷南,等,2006.多普勒天气雷达原理与业务应用[M].气象出版社:130-142.

俞小鼎,郑媛媛,廖玉芳,等,2008.一次伴随强烈龙卷的强降水超级单体风暴研究 [J].大气科学,32(3):
　　508-522.

俞小鼎,郑媛媛,张爱民,等,2006.安徽一次强烈龙卷的多普勒天气雷达分析 [J].高原气象,25 (5):914-924.

张建云,张持岸,葛元,等,2018.1522 号台风外围佛山强龙卷 X 波段双偏振多普勒雷达反射率因子特征[J].
　　气象科技,46(01):163-169.

张培昌,杜秉玉,戴铁丕,2001.雷达气象学(第二版) [M].北京:气象出版社:499.

张涛,李柏,杨洪平,等,2013.三次雷暴导致的阵风锋过程分析 [J].气象,39(10):1275-1283.

张一平,俞小鼎,吴蓁,等,2012.区域暴雨过程中两次龙卷风事件分析[J].气象学报,70(5):961-972.

赵坤,周仲岛,胡东明,等,2007.派比安台风(0606)登陆期间雨带中尺度结构的双多普勒雷达分析 [J].南京
　　大学学报(自然科学),43 (6):606-620.

赵鸣,2006.大气边界层动力学[M].北京:高等教育出版社.

郑峰,钟建锋,娄伟平,2010.圣帕(0709)台风外围温州强龙卷风特征分析[J].高原气象,29(2):506-513.

郑媛媛,俞小鼎,方翀,等,2004.一次典型超级单体风暴的多普勒天气雷达观测分析[J].气象学报,62(3): 317-328.

郑媛媛,张备,王啸华,等,2015.台风龙卷的环境背景和雷达回波结构分析[J].气象,41(8):942-952.

周海光,2010.超强台风韦帕(0713)螺旋雨带中尺度结构双多普勒雷达研究[J].大气科学学报,33(3): 271-284.

周后福,刁秀广,夏文梅,等,2014.江淮地区龙卷超级单体风暴及其环境参数分析[J].气象学报,72(2): 306-317.

周小刚,王秀明,俞小鼎,等,2012.逾量旋转动能在区分我国龙卷与非龙卷中气旋中的应用[J].高原气象,31 (1):137-143.

朱君鉴,王令,黄秀韶,等,2005.CINRAD/SA 中尺度产品与强对流天气[J].气象,41(8):942-952.

朱乾根,林锦瑞,寿绍文,等,2000.天气学原理和方法[M].北京:气象出版社:649.

Roland B stall,1991.边界层气象学导论[M].杨长新译.北京:气象出版社.

Barnes C E,G M Barnes,2014. Eye and eyewall traits as determined with the NOAA WP-3D lower-fuselage radar[J]. Mon Wea Rev,142:3393-3417.

Benjamin W Green,Fuqing Zhang,Paul Markowski,2011. Multiscale Processes Leading to Supercells in the Landfalling Outer Rainbands of Hurricane Katrina (2005) [J]. Wea Forecasting,26:828-847.

Bernoulli D,1738. Hydrodynamica,sive de viribus et motibus fluidorum commentarii:opus academicum ab auctore,dum Petropoli ageret,congestum [M]. Argentorati:sumptibus Johannis Reinholdi Dulseckeri:Typis Joh. Deckeri,typographi Basiliensis.

Black M L,H E Willoughby,1992. The concentric eyewall cycle of Hurricane Gilbert[J]. Mon Wea Rev,120: 947-957.

Bluestein H B,2009. The Formation and Early Evolution of the Greensburg,Kansas,Tornadic Supercell on 4 May 2007 [J]. Wea Forecasting,24:899-920.

Brooks H E,Doswell C A,COOPER J,1994. On the Environments of Tornadic and Nontornadic Mesocyclones [J]. Wea Forecasting,9:606-618.

Bunkers M J,2002. Vertical Wind Shear Associated with Left-Moving Supercells [J]. Wea Forecasting,17:845-855.

Bunkers M J,Clabo D R,Zeitler J W,2009. Comments on "Structure and Formation Mechanism on the 24 May 2000 Supercell-Like Storm Developing in a Moist Environment over the Kanto Plain,Japan" [J]. Mon Wea Rev,137:2703-2712.

Bunkers M J,Johnson J S,Czepyha L J,et al,2006. An Observational Examination of Long-Lived Supercells. Part II:Environmental Conditions and Forecasting [J]. Wea Forecasting,21:689-714.

Cantor B A,K M Kanak,K S Edgett,2006. Mars Orbiter Camera observations of Martian dust devils and their tracks (September 1997 to January 2006) and evaluation of theoretical vortex models[J]. J Geophys Res, 111:E12002.

Chapront-Touzé,1991,Michelle and Jean Chapront. Lunar Tables and Programs from 4000 B. C. to A. D. 8000 [M]. Richmond:Willmann-Bell.

Charmaine N Franklin,Greg J Holland,Peter T May,2006. Mechanisms for the Generation of Mesoscale Vorticity Features in Tropical Cyclone Rainbands[J]. Mon Wea Rev,134:2649-2669.

Chen Xiaomin,Zhao Kun,Wen-Chau Lee,et al,2013. The improvement to the environmental wind and tropical cyclone circulation retrievals with the modified gbvtd (mgbvtd) technique[J]. J Appl Meteor Climatol,52:

2493-2508.

Coffer B E,Parker M D,2017. Simulated supercells in nontornadic and tornadic VORTEX2 environments [J]. Mon Wea Rev,145:149-180.

Daniel J Kirshbaum,George H Bryan,Richard Rotunno,et al,2007. The Triggering of Orographic Rainbands by Small-Scale Topography[J]. J Atmos Sci,64:1530-1549.

Davies J M,2004. Estimations of CIN and LFC Associated with Tornadic and Nontornadic Supercells [J]. Wea Forecasting,19: 714-726.

Donaldson R J,1970. Vortex signature recognition by a Doppler radar [J]. J Appl Meteor,9(4):661-670.

Doswell C A III,1996. What is a supercell? [J]. Amer Meteor Soc:641.

Eastin M D,M Christopher Link,2009. Miniature Supercells in an Offshore Outer Rainband of Hurricane Ivan (2004) [J]. Mon Wea Rev,137:2081-2104.

French A J,Parker M D,2012. Observations of Mergers between Squall Lines and Isolated Supercell Thunderstorms [J]. Wea Forecasting,27:255-278.

French M M,Bluestein H B,Dowell D C,et al,2008. High-Resolution,Mobile Doppler Radar Observations of Cyclic Mesocyclogenesis in a Supercell [J]. Mon Wea Rev,136:4997-5016.

Glen S Romine,Robert B Wilhelmson,2006. Finescale Spiral Band Features within a Numerical Simulation of Hurricane Opal (1995) [J]. Mon Wea Rev,134:1121-1139.

Houser J L,Bluestein H B,Snyder J C,2015. Rapid-Scan,Polarimetric,Doppler Radar Observations of Tornadogenesis and Tornado Dissipation in a Tornadic Supercell:The "El Reno,Oklahoma" Storm of 24 May 2011 [J]. Mon Wea Rev,143:2685-2710.

Houze R A,2010. Clouds in Tropical Cyclones[J]. Mon Wea Rev,138:293-344.

Inoue H Y, Coauthors, 2011. Finescale Doppler radar observations of a tornado and low-level misocyclones within a winter storm in the Japan Sea coastal region[J]. Mon Wea Rev,139:351-369.

Jorgensen D F,1984. Mesoscale and Convective-Scale Characteristics of Mature Hurricanes. Part I:General Observations by Research Aircraft[J]. J Atmos Sci,41:1268-1286.

Kalnay,1996. The NCEP/NCAR 40-year reanalysis project [J]. Bull Amer Meteor Soc,77:437-470.

Kennedy P C,Westcott N E,Scott R W,1993. Single-Doppler Radar Observations of a Mini-Supercell Tornadic Thunderstorm [J]. Mon Wea Rev,121:1860-1870.

Kennedy,Straka J M,Rasmussen E N,2007. A Statistical Study of the Association of DRCs with Supercells and Tornadoes [J]. Wea Forecasting,22:1191-1199.

Klees A M,Richardson Y P,Markowski P M,et al,2016. Comparison of the Tornadic and Nontornadic Supercells Intercepted by VORTEX2 on 10 June 2010 [J]. Mon Wea Rev,144: 3201-3231.

Klemp J B,Rotunno R,1983. A Study of the Tornadic Region within a Supercell Thunderstorm [J]. J Atmos Sci,40:359-377.

Kossin J P,W H Schubert,2004. Mesovortices in Hurricane Isabel[J]. Bull Amer Meteor Soc,85:151-153.

Krishnamurti,T N,S Pattnaik,et al,2005. The Hurricane Intensity Issue [J]. Mon Wea Rev,133:1886-1912.

Kylie M S,LIN Y L,1998. The Structure and Evolution of a Numerically Simulated High-Precipitation Supercell Thunderstorm [J]. Mon Wea Rev,126:2090-2116.

Lee R R,A White,1998. Improvement of the WSR-88D Mesocyclone Algorithm[J]. Wea Forecasting,13: 341-351.

Lee W C,J Wurman,2005. Diagnosed three-dimensional axisymmetric structure of the Mulhall tornado on 3 May 1999[J]. J Atmos Sci,62:2373-2393.

Legates D R,C J Willmott,1990. Mean seasonal and spatial variability in global surface air temperature[J].

Theor Appl Climatol,41:11-21.

Li Qingqing,Wang Yuqing,2012. A Comparison of Inner and Outer Spiral Rainbands in a Numerically Simula-
      ted Tropical Cyclone[J]. Mon Wea Rev,140:2782-2805.

Mallen K J,M T Montgomery,B Wang,2005. Reexamining the near-core radial structure of the tropical cyclone
      primary circulation:Implications for vortex resiliency[J]. J Atmos Sci,62:408-425.

Matthew D Eastin,M Christopher Link,2009. Miniature Supercells in an Offshore Outer Rainband of Hurri-
      cane Ivan (2004) [J]. Mon Wea Rev,137:2081-2104.

Matthew J,Onderlinde,Henry E,et al,2014. A Parameter for Forecasting Tornadoes Associated with Landfall-
      ing Tropical Cyclones[J]. Wea Forecasting,29:1238-1255.

McCaul E W,1981. Buoyancy and shear characteristics of hurricane-tornado environments[J]. Mon Wea Rev,
      119:1954-1978.

Mead C M,1997. The Discrimination between Tornadic and Nontornadic Supercell Environments:A Forecas-
      ting Challenge in the Southern United States [J]. Wea Forecasting,12:379-387.

Meeus,Jean,1988. Astronomical Formuler for Calculators,Fourth Edition [M]. Richmond:Willmann-Bell.

Mitchell E D,1995. An enhanced NSSL tornado detection algorithm[J]. Amer. Meteor Soc:406-408.

Mitchell E D,S V Vasiloff,G J,et al,1998. The National Severe Storms Laboratory tornado detection algorithm
      [J]. Wea Forecasting,13:352-366.

Onderlinde Matthew J,Henry E Fuelberg,2014. A Parameter for Forecasting Tornadoes Associated with Land-
      falling Tropical Cyclones[J]. Wea Forecasting,29:1238-1255.

Orf L,Wilhelmson R,Lee B,et al,2017. Evolution of a Long-Track Violent Tornado within a Simulated Super-
      cell [J]. Bull Amer Meteor Soc,98:45-68.

Peyraud Lionel,2013. Analysis of the 18 July 2005 Tornadic Supercell over the Lake Geneva Region [J]. Wea
      Forecasting,28:1524-1551.

Peyraud Lionel,2013. Analysis of the 18 July 2005 Tornadic Supercell over the Lake Geneva Region[J]. Wea
      Forecasting,28:1524-1551.

Robert R Lee,Anderson White,1998. Improvement of the wsr-88d mesocyclone algorithm[J]. Wea Forecas-
      ting,13:341-351.

Samuel P Williamson,Sharon L Hays,2006. The Federal Committee for Meteorological Services and Supporting
      Research(FCMSSR):Doppler Radar Meteorological Observations[Z]. Federal Meteorological Handbook
      No. 11,April,2006,Part C WSR-88D Products and Algorithms:2-76—2-89.

Sethuraman S,1979. Atmospheric Turbulence and Storm Surge Due to Hurricane Belle (1976) [J]. Mon Wea
      Rev,107:314-321.

Shimizu S,Uyeda H,Moteki Q,et al,2008. Structure and Formation Mechanism on the 24 May 2000 Supercell-
      Like Storm Developing in a Moist Environment over the Kanto Plain,Japan [J]. Mon Wea Rev,136: 2389-
      2407.

Sitkowski M,J P Kossin,C M Rozoff,2011. Intensity and structure changes during hurricane eyewall replace-
      ment cycles[J]. Mon Wea Rev,139:3829-3847.

Stumpf G J,Witt A,Mitchell E D,Spencer P L,et al,1998. The National Severe Storms Laboratory mesocy-
      clone detection algorithm for the WSR-88D [J]. Wea Forecasting,13:304-326.

Tanamachi R L,H B Bluestein,M Xue,et al,2013. Near-surface vortex structure in a tornado and in a sub-tor-
      nado-strength,convective-storm vortex observed by a mobile,W-band radar during VORTEX2[J]. Mon
      Wea Rev,141: 3661-3690.

Thompson R L,1998. Eta Model Storm-Relative Winds Associated with Tornadic and Nontornadic Supercells

[J]. Wea Forecasting:125-137.

Thompson R L,Edwards R,Hart J A,et al,2003. Close Proximity Soundings within Supercell Environments Obtained from the Rapid Update Cycle [J]. Wea Forecasting,18:1243-1261.

Todd A Murphy,Kevin R Knupp,2013. An Analysis of Cold Season Supercell Storms Using the Synthetic Dual-Doppler Technique[J]. Mon Wea Rev,141:602-624.

Wang B Y,M Wei,W Hua,et al,2017. Characteristics and Possible Formation Mechanisms of Severe Storms in the Outer Rainbands of Typhoon Mujigae (1522)[J]. J Meteor Res,31(3):612-624.

Weisman M L,Klemp J B,1984. The structure and classification of numerically simulated convective storms in directionally varying wind shears [J]. Mon Wea Rev,112 (12):2479-2498.

Willoughby H E,1990a. Temporal Changes of the Primary Circulation in Tropical Cyclones[J]. J Atmos Sci, 47:242-264.

Willoughby H E,1990b. Gradient balance in tropical cyclones[J]. J Atmos Sci,47:265-274.

Xue M,Hu M,Schenkman A D,2014. Numerical Prediction of the 8 May 2003 Oklahoma City Tornadic Supercell and Embedded Tornado Using ARPS with the Assimilation of WSR-88D Data [J]. Wea Forecasting, 29:39-62.

Yussouf N,Mansell E R,Wicker L J,et al,2013. The Ensemble Kalman Filter Analyses and Forecasts of the 8 May 2003 Oklahoma City Tornadic Supercell Storm Using Single- and Double-Moment Microphysics Schemes [J]. Mon Wea Rev,141:3388-3412.